新东方名师烹饪课堂

零基础学咖啡拉花

北京新东方烹饪职业技能培训学校 组编

刘云泽 编

本书是针对咖啡拉花入门和咖啡拉花基础提升的一本技术图书，从萃取醇香的浓缩咖啡、打发细腻的奶泡入手，通过推进图案、后拉图案、组合图案等咖啡拉花基础手法，让咖啡拉花爱好者更加了解拉花的手法和制作要领。本书分为 8 部分：咖啡拉花是什么、咖啡拉花的要素、咖啡拉花的基础、咖啡拉花推进图案、咖啡拉花后拉图案、咖啡拉花组合图案、咖啡拉花创意图案、咖啡拉花设计图案。本书对每种拉花都配有详细的演示视频，使读者能更清楚地看到拉花的步骤。

图书在版编目（CIP）数据

零基础学咖啡拉花 / 北京新东方烹饪职业技能培训学校组编 ; 刘云泽编. -- 北京 : 机械工业出版社, 2018.8（2025.2重印）
（新东方名师烹饪课堂）
ISBN 978-7-111-60893-6

Ⅰ. ①零… Ⅱ. ①北… ②刘… Ⅲ. ①咖啡－配制－技术培训－教材 Ⅳ. ①TS273

中国版本图书馆CIP数据核字（2018）第210841号

机械工业出版社（北京市百万庄大街22号　邮政编码100037）
策划编辑：侯宪国　　责任编辑：侯宪国
责任校对：黄兴伟　陈　越　　责任印制：郜　敏
印　　刷：北京富资园科技发展有限公司印刷

2025年2月第1版第2次印刷
169mm×239mm · 7印张 · 90千字
标准书号：ISBN 978-7-111-60893-6
定价：59.80元

电话服务
客服电话：010-88361066
010-88379833
010-68326294

网络服务
机　工　官　网：www. cmpbook. com
机　工　官　博：weibo. com/cmp1952
金　　书　　网：www. golden-book. com
机工教育服务网：www. cmpedu. com

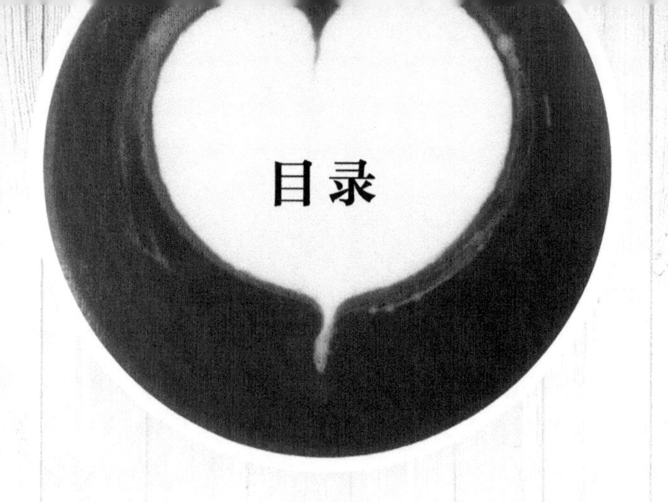

目录

Part 1 咖啡拉花是什么

Part 2 咖啡拉花的要素

Part 3 咖啡拉花的基础

Part 4 咖啡拉花推进图案

Part 5 咖啡拉花后拉图案

Part 6
咖啡拉花组合图案

Part 7
咖啡拉花创意图案

Part 8
咖啡拉花设计图案

Part 1

咖啡拉花是什么

咖啡是世界上最流行的饮料之一，其制作分为很多种，常见的可以分为黑咖啡和牛奶咖啡。咖啡拉花是大家印象最深刻的牛奶咖啡。咖啡拉花是一种制作咖啡的方法，即利用意式浓缩咖啡（Espresso）的油脂（Crema）颜色与打发奶泡的牛奶混合后在咖啡表面上形成图案或线条。

咖啡拉花的由来

咖啡拉花又叫拉花艺术，其英语为“Latte Art”。“Latte”在意大利语中的意思是鲜奶（如果你在意大利点一杯Latte，店家往往会直接给你上一杯热牛奶）。将打发奶泡的牛奶倒入意式浓缩咖啡后产生艺术般的图案就是“Latte Art”。而现在只要在冲煮完的咖啡表面制作艺术化的图案线条，就已算是“Latte Art”了，不仅仅局限于意式浓缩咖啡。

拉花艺术在不同国家有着不同的发展。1988年，在美国西雅图，David Schomer（大卫•绍梅尔）正在为客人打包早餐咖啡，加入牛奶时，不经意间在咖啡表面形成了一个漂亮的图案。David Schomer发现，图案能给人带来赏心悦目的感觉，这给他带来了很大的启发。此后，他开始研究咖啡拉花的技巧，并渐渐开始有了心形、叶子形状的图案，从此咖啡拉花也就开始流行起来并得以发展。后来David Schomer于1992年又开创了郁金香图案的拉花，并在他的咖啡拉花培训课上普及了咖啡拉花艺术。与此同时，意大利的Luigi Lupi（路易吉•卢比）通过互联网与David Schomer取得了联系，并分享了彼此制作拿铁咖啡拉花和卡布其诺装饰的视频。

David Schomer（大卫·绍梅尔）

我国是在2013年进入世界咖啡拉花艺术大赛（World Latte Art Championship，WLAC）后才算真正意义上认识Latte Art，从此越来越多的咖啡师去追寻属于咖啡杯里的艺术，它的表现形式也越来越多样性。

咖啡拉花的常用工具和材料

咖啡拉花时，咖啡机和磨豆机是必不可少的设备。除此之外，还需要拉花缸、拉花针、色素以及清洁毛巾。不同的图案会涉及不同的工具。

拉花缸

拉花缸又称奶缸，是咖啡拉花必用的工具，用来打发牛奶和注入牛奶。拉花缸的容量分别有300mL、500mL、600mL、720mL和1L。制作时，牛奶容量一般会占拉花缸容量的1/2，而拉花缸容量的1/2就是所对应咖啡杯的容量，即300mL的拉花缸适合制作150mL及以下容量的咖啡杯的拉花，600mL的拉花缸适合制作300mL及以下容量咖啡杯的拉花，以此类推。所以，使用的拉花缸的容量跟所用咖啡杯的容量是密不可分的。

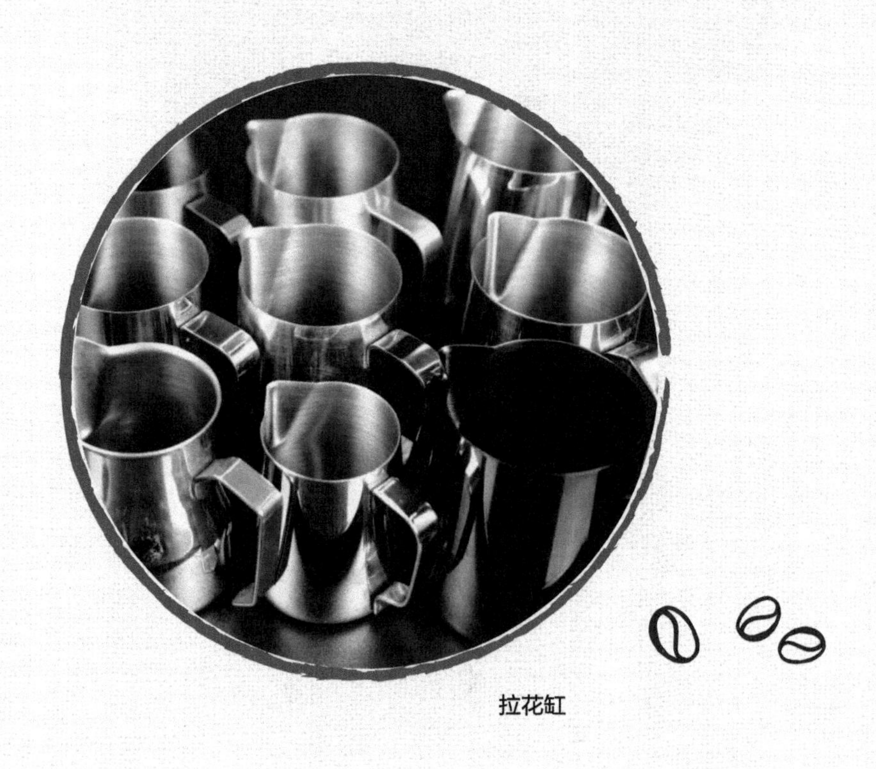

拉花缸

拉花针

拉花针又称勾花针，用于咖啡拉花造型，它可以流畅勾勒创作线条，增加图案细致质感。拉花针多数为双头，可根据想要达到的线条效果来选择 。

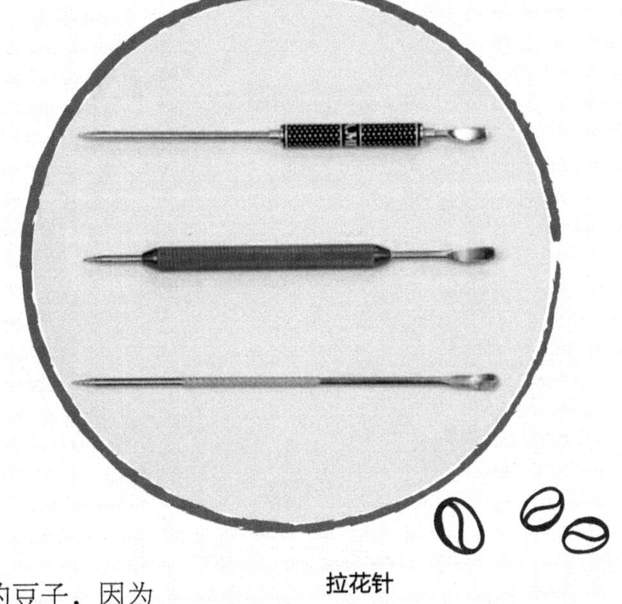

拉花针

咖啡豆

咖啡豆是制作咖啡的主要原料。在选择咖啡豆时，不建议选择酸度过高的豆子，因为采用酸度过高的豆子，咖啡里的酸会使牛奶奶泡快速地分解，不仅使口感不好，还会使咖啡表面凹凸不平。

色素

咖啡拉花中用的色素必须是食用级色素，切记只能用于奶泡的表面，多数在彩色勾花时使用，使用时在咖啡杯中倒入少量色素与奶泡搅拌均匀即可。

加入食用色素的奶泡

Part 2

咖啡拉花的要素

浓缩咖啡

浓缩咖啡（Espresso）是在冲煮压为8.5～9.5bar（1bar=10^5Pa），水温在 90.5～96℃，萃取时间为20～30s的条件下，用磨豆机将咖啡豆磨成很细的咖啡粉末后，制作出的并含有一定的咖啡油脂泡沫（Crema）的咖啡饮品。拉花时常用的浓缩咖啡量为25～35mL。

浓缩咖啡制作步骤

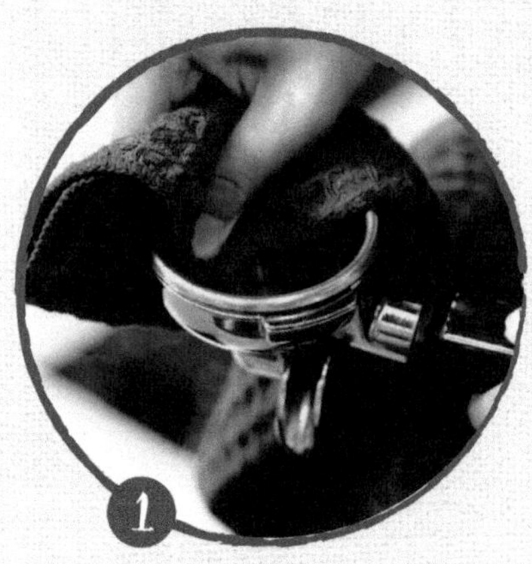

1. 清洁粉碗

从咖啡机上取下冲煮手柄，用专用毛巾清洁粉碗，确保粉碗里面没有水渍以及残留的咖啡渣。

2. 取粉

将冲煮手柄放置在磨豆机取粉处，开始研磨咖啡豆，粉碗的容量取决于磨取的粉量。

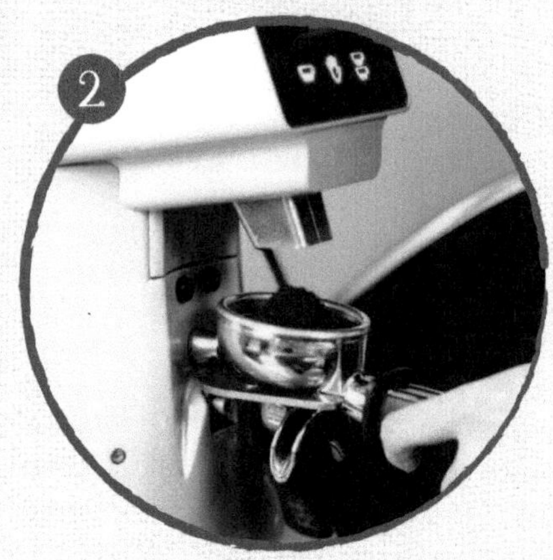

3. 布粉

布粉就是把研磨好的咖啡粉均匀分布到粉碗里的过程。咖啡粉落入粉碗内后不会自动分布均匀，而是会堆在一起。用食指推动高于粉碗上的咖啡粉，使咖啡粉分布均匀，或使用布粉器进行布粉。

4. 压粉

将咖啡粉压平、压紧，注意每次压粉力度要保持一致。

5. 放水

打开冲煮按键，冲掉之前残留下的咖啡粉和咖啡油脂。

6. 萃取

将手柄装上冲煮头后，先按下萃取按键，萃取时间推荐为20～30s，萃取容量为25～35mL。在萃取时要观察液体流速和颜色的变化，当咖啡液体颜色明显变白时完成萃取。

牛奶与奶泡

咖啡拉花主要的原料是牛奶，首选全脂牛奶。奶泡形成原理是把空气打入牛奶里，利用脂肪和蛋白质包裹住空气。低脂牛奶和脱脂牛奶虽然都可以打发奶泡，但奶泡稳定性不好。脂肪和蛋白质含量越高的牛奶打发的奶泡会越好越稳定，奶泡持久度高。

在打发牛奶前要先确认牛奶的温度，最适合的温度为1～5℃，温度越低，奶泡打发过程的操作时间也就越充裕。

奶泡制作步骤

1. 将牛奶倒入拉花缸内，牛奶的量在前文已经提到过（见P10），也可占拉花缸容量的40%～60%，以方便操作。

2. 空放蒸汽枪，将里面的冷凝水排出，以免在打发牛奶时进入过多水。

3. 从液面中心处将蒸汽枪最底部伸入液面下1cm左右。

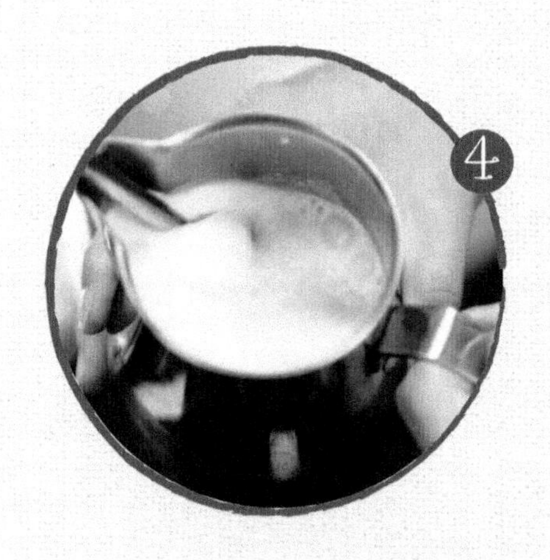

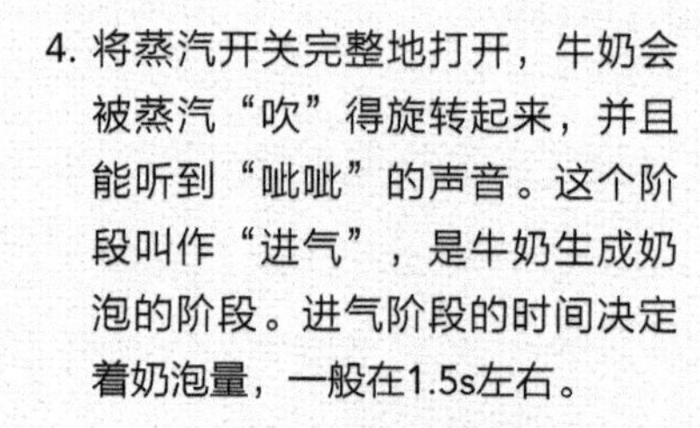

4. 将蒸汽开关完整地打开，牛奶会被蒸汽“吹”得旋转起来，并且能听到“呲呲”的声音。这个阶段叫作“进气”，是牛奶生成奶泡的阶段。进气阶段的时间决定着奶泡量，一般在1.5s左右。

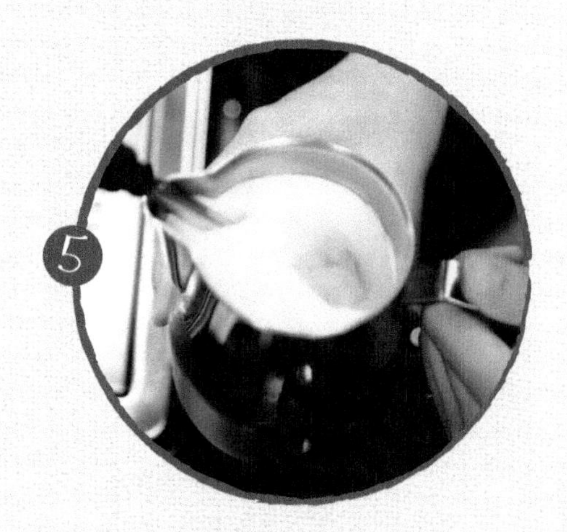

5. 当发泡量达到时可以将拉花缸轻轻地向上提起，让“呲呲”声减小，让牛奶在拉花缸内旋转，使牛奶与奶泡充分融合到一起。当温度达到60～65℃时关闭蒸汽枪。

6. 用湿毛巾将蒸汽枪擦拭干净，并再次空放蒸汽枪，以免内部残留牛奶。

咖啡拉花的核心

咖啡拉花不只是让咖啡表面更加美观，主要是让咖啡的口感更好。好的咖啡拉花对奶泡的要求是细腻光滑并有很好的流动性。制作拉花时，要先将打发好的牛奶和浓缩咖啡融合在一起。融合时要拉大拉花缸缸嘴和咖啡液面间的距离，顺时针持续注入，不能停顿，奶流量不能过大。要根据拉花的花型来决定注入多少牛奶，融合时不要让表面出现明显的泛白现象。

融合之后就可以开始图案制作了。咖啡拉花可以理解为液体画的一种，所以牛奶与咖啡的颜色对比度尤为重要。

Part 3

咖啡拉花的基础

咖啡拉花的点与线

一般情况下，我们都是用左手手指托住杯底，杯把朝向自己，此为正向拿杯；如果将杯把朝向制作者的正前方，此为反向拿杯，拉花时常用正向拿杯。拉花过程中，牛奶注入前要先将咖啡杯向拉花缸方向倾斜，将咖啡液面接近于咖啡杯的边缘，这样才能使拉花缸的缸嘴更加接近咖啡液面，更容易出现图案。

咖啡拉花的原理其实很好理解，就是使打发好的奶泡浮在咖啡表面，与咖啡形成有颜色对比的图案。一般奶泡的呈现方式有圆点和线条两种。

圆点：将拉花缸缸嘴降低至液面上方3～5mm处，快速地释放奶流，奶流量的宽度与缸嘴同宽，咖啡表面就会呈现出白色奶泡，然后按照现有的流量匀速注入就可以呈现出一个圆点。

线条：同样将拉花缸缸嘴降低至液面上方3～5mm处，快速地释放奶流，奶流量的宽度与缸嘴同宽，当咖啡表面呈现出白色奶泡时开始以“左右左”的方式摆动拉花缸，形成挤压纹路图案。或者将拉花缸后拉也可以制作线条图案。

圆点图案

线条图案

基础心形

难度系数 ★

图案简介 在咖啡拉花中，心形是最基本的图案也是最简单的图案。

难度讲解 利用圆点呈现方法，保持固定注入点持续注入牛奶奶泡，图形将不断扩大。在收尾时要抬高拉花缸，使奶流量变小，但要有一定的冲击力，然后向心尾方向推进，在收尾的位置将杯子注满为止。

制作步骤

1. 倾斜咖啡杯并将牛奶融合至五成满，然后降低拉花缸高度，贴近液面，固定注入点，快速注入奶泡。

2. 当出现白点时保持流量持续注入，边注入边回正咖啡杯的角度。

3. 持续注入时拉花缸的角度和咖啡杯的回正角度要保持同步进行，这样才可以保证注入点不会发生变化。

4. 当注入至九成满的时候，使杯子完全回正，奶流量开始减小。

5. 抬高拉花缸使奶流有一定的冲击力度，向前推进拉花缸至圆形图案的最底部。

6. 在圆心的尾巴处持续注入，利用冲击力使圆形底部变形，制作出心尾形状。

扫描二维码观看
基础心形制作视频

基础叶子

难度系数 ★★★

图案简介 叶子是咖啡拉花中由线条呈现的一款基本图形。虽然是基本图形，但是一点也不简单，需要进行大量的练习。要保证注入量还要保证左右手的协调能力。需要多加练习才能达到理想的效果。

难度讲解 利用线条呈现的方法，先以咖啡杯中心靠下的位置为注入点，当咖啡表面呈现出白色奶泡时开始以“左右左”的方式摆动拉花缸，形成挤压纹路图案。当纹路向上翻卷时，开始边向后退拉花缸边左右摆动拉花缸，同时将咖啡杯回正。要注意整体释放的奶量以免咖啡溢出。

制作步骤

1. 以咖啡杯中心靠下的位置为注入点，注入奶泡使咖啡表面呈现出白色奶泡。

2. 当咖啡表面呈现出白色奶泡时开始以“左右左”的方式摆动拉花缸，使其形成挤压纹路。

3. 保持注入点不要向拉花缸的前后方向移动，因为持续注入，后续的奶泡会将前面的图案挤压扩大。

4. 保持左右摆幅不变，使纹路向上翻卷。

5. 当纹路出现翻卷时，边摆动边向后匀速拉动拉花缸。注意左右摆幅不要减小。

6. 当退到杯子边缘时，在叶子尾部先稳定住牛奶不再晃动，再抬高拉花缸以减小奶流量，向前推进收尾。

扫描二维码观看
基础叶子制作视频

Part 4

咖啡拉花推进图案

郁金香 I

难度系数 ★★

图案简介 郁金香是咖啡拉花组合图案的基本图形，最大的特点是有明显的层次对比，图案结构为下大上小。

难度讲解 利用制作心形的方式进行分段注入，每一次在释放奶流时要果断注入，快速地释放出图形相对应的奶流量，这样才可以将上一次制作的图形给挤压变形。郁金香图案的间隔距离是郁金香图形的难点，一定要注意每一层的间隔距离。

制作步骤

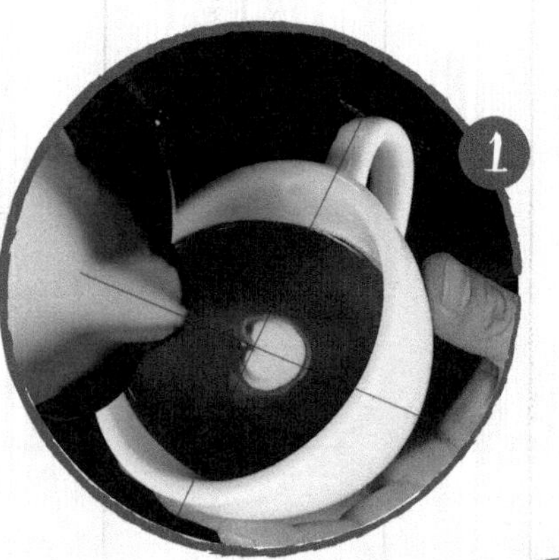

1. 在杯子的中心位置，快速释放奶流制作出一个白点，收尾时向前轻微的推进。

2. 利用第2个圆点的推进力量将第一个圆点挤压变形，制作第2层。

3. 挤压的力度不能过大，收尾时拉花缸向前推进。按同样的手法制作出第3层。

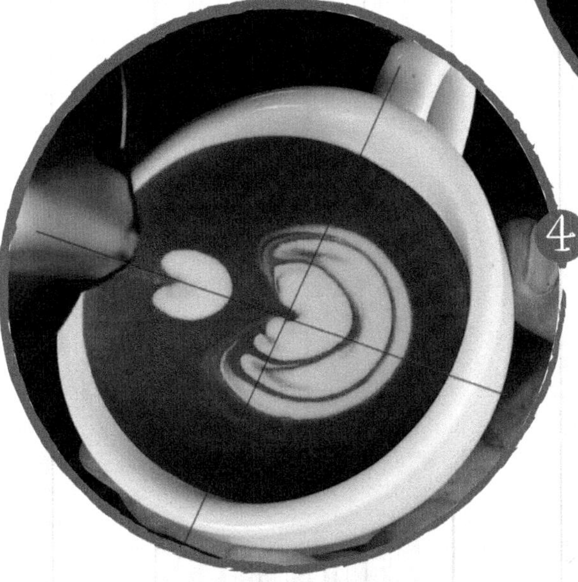

4. 在制作第4层的时候，注意要和之前制作的图案拉开距离，要做出明显的间隔。

5. 在制作第5层时，注意拉花缸的注入位置和向前推进的力度。

扫描二维码观看
郁金香Ⅰ制作视频

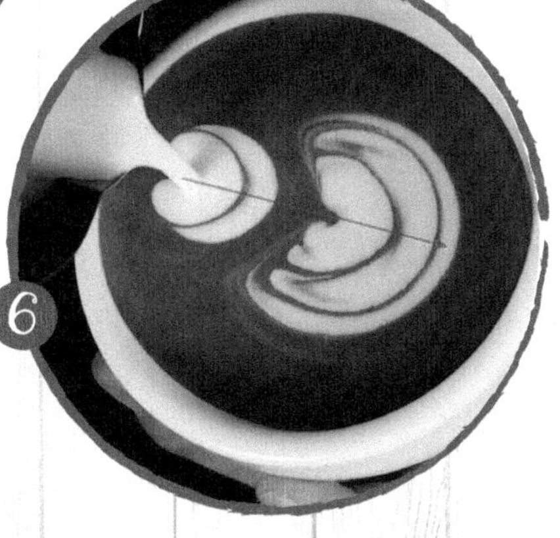

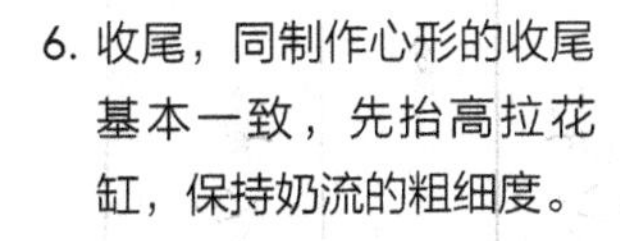

6. 收尾，同制作心形的收尾基本一致，先抬高拉花缸，保持奶流的粗细度。

郁金香 II

难度系数 ★★★

图案简介 本图案可以说是郁金香练习手法进阶图案。由于该图案下面3层，中间2层，所以也叫321郁金香。

难度讲解 321郁金香的难点在于层次之间的空隙，要做到每层之间的对比度清晰，还要做到分组间隔的距离要大一点。

制作步骤

1. 在液面中心下方注入第1个点，作为第1层。

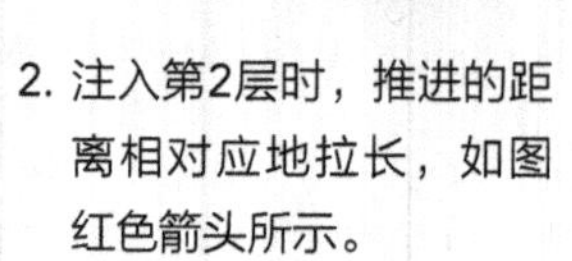

2. 注入第2层时，推进的距离相对应地拉长，如图红色箭头所示。

3. 推进第2层时，要将第1层挤压成圆弧形状，收尾时要快速果断。

4. 用第2层的手法制作出第3层，挤压力度不要太大。

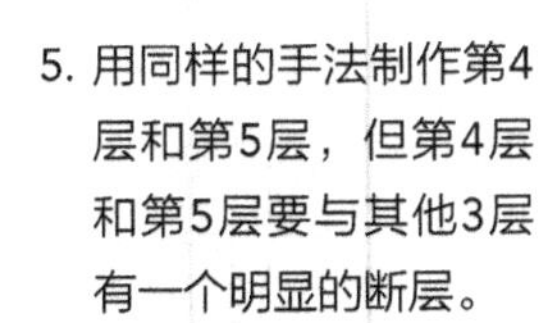

5. 用同样的手法制作第4层和第5层，但第4层和第5层要与其他3层有一个明显的断层。

6. 最后一个注入点要将杯子注入至九成满，然后拉高奶流进行收尾。注意收尾时不要穿过第一次注入点。

扫描二维码观看
郁金香II制作视频

郁金香 III

难度系数　★★★

图案简介　本款郁金香底部有多层纹理，这样的表现形式叫作压纹。压纹郁金香对奶泡的流动性要求很高。

难度讲解　本图案对奶泡的流动性要求很高，在打发奶泡时，要打发得薄一点。注入时摆幅程度和前推的力度为本图最大的难点。开出压纹后需要向前继续推进，第2层利用摆幅的手法向前注入，将第1层压纹打开并挤压出层次。

打发奶泡的薄厚是通过打发时间的长短来控制的，时间越短奶泡越薄，时间越长奶泡越厚。

制作步骤

1. 在液面中心靠下处注入奶流，当奶沫在咖啡表面出现白点的时候开始左右摆动拉花缸。

2. 左右摆动的幅度要保持一致。注入奶流的速度一定要跟上。杯子的回正和释放奶流要同步进行。

3. 在形成挤压纹路时，释放奶流的注入点要保持不动，左右摆动的幅度保持一致，使纹路向上翻卷。

4. 当纹路向上翻卷时，边摆动拉花缸边向前推进挤压，使纹路翻卷向图案中心靠拢。

5. 第2层注入点要与第1层图案拉开距离，留出较大的向前推挤和挤压的空间。

6. 第2层要边摆动边向前推进挤压，通过摆动挤压到第1层纹路内部。

7. 第2层要将第1层挤压至图示程度后再准备收尾，在第2层收尾时要向前短距离地进行快速收尾动作。

扫描二维码观看郁金香III制作视频

8. 第3层的注入点要在图案的中心线位置注入，并抬高拉花缸进行细线流收尾。

Part 5

咖啡拉花后拉图案

三叶

难度系数　★★★

图案简介　在基础树叶上增加了两片小叶子，小叶子的制作为图案的难点。

难度讲解　大叶子的翻卷部分不能超过杯子的中心线的一半，给小叶子留出足够的空间及注入量。在制作小叶子的过程中，释放的奶流量和后拉的速度要均匀，并始终保持边注入边回正杯子。

制作步骤

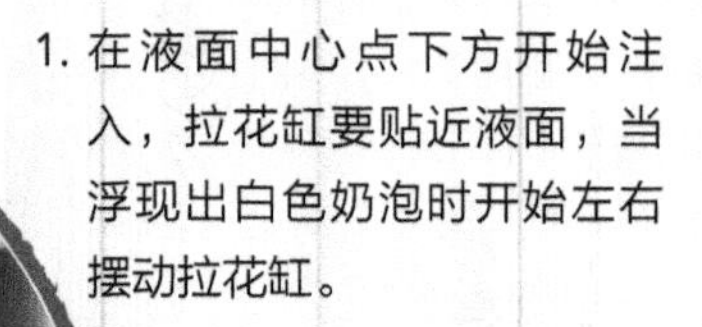

1. 在液面中心点下方开始注入，拉花缸要贴近液面，当浮现出白色奶泡时开始左右摆动拉花缸。

2. 当纹路出现翻卷时，边摆动边匀速向后拉动拉花缸，注意左右摆幅不要减小。

3. 当退到杯子边缘时，在叶子尾部先稳定住拉花缸不再晃动，再抬高拉花缸减小奶流量，向前推进收尾。

4. 第1片叶子制作完成后，在靠近自己的一侧开始制作第2片叶子。注意不要跟之前的图案混合到一起。

5. 在制作第3片叶子时，要适当地微微加快后退的速度和摆动的幅度。因为拉花缸里的牛奶越来越少，泡沫占有比例会越来越大，在后期制作图案时流动性会降低。

扫描二维码观看三叶制作视频

6. 最后收尾时要将拉花缸抬高，进行快速收尾。不要释放过多的奶量，以免出现粗线条奶泡。

五叶

难度系数　★★★★

图案简介　五叶图案不仅是手法上的练习，也是考验注入奶量与图案呈现效果的练习，同时考验制作者转杯和对图案位置把握的功力。

难度讲解　图案难点在于呈现每一个图形时的注入奶量不能过多。在这个拉花制作过程中要注意注入奶量和图形间的关系。

制作步骤

2. 使拉花缸快速后退并加大摆动幅度，控制固定流量，可以快速地呈现出树叶。

1. 在中心点下方开始制作第1片叶子，注意注入奶量不要太多。

3. 制作第2片叶子时要注意与第1片叶子的位置关系。在第1片叶子向上翻卷的边缘制作。

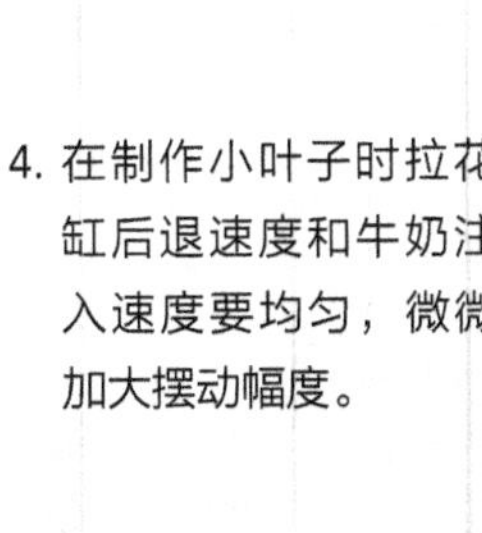

4. 在制作小叶子时拉花缸后退速度和牛奶注入速度要均匀，微微加大摆动幅度。

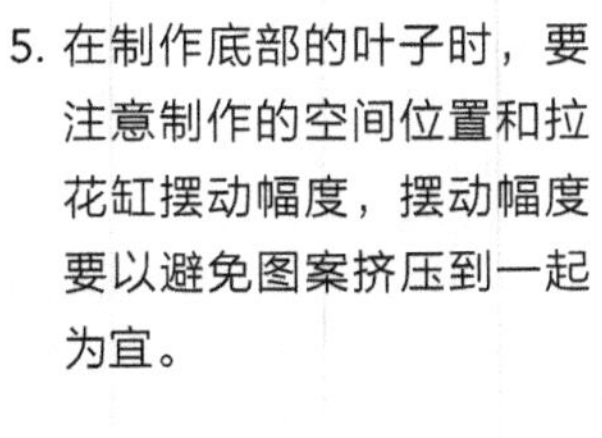

5. 在制作底部的叶子时，要注意制作的空间位置和拉花缸摆动幅度，摆动幅度要以避免图案挤压到一起为宜。

6. 制作最后一片叶子时拉花缸后退和摆动速度都需要加快。收尾时需要将拉花缸抬高一点，以免虚化图案。

扫描二维码观看五叶制作视频

七叶

难度系数 ★★★★★

图案简介 七叶主要是以手法练习为主的图案，难度很高，不仅考验制作者的注入与摆动手法，也考验制作者的图案布局能力。

难度讲解 图案难度是要控制好呈现每一片叶子的牛奶量和叶子的宽度与位置的关系。初学者要反复练习才能达到理想的效果，此图案可以说是欲速则不达。

制作步骤

1. 将咖啡和牛奶融合至杯子五成满时，开始制作第1片叶子，从杯子的左侧开始注入。

2. 第1片和第2片叶子要从叶子的边缘内侧收尾，要注意收尾时牛奶量不要过多。

3. 在制作第3片和第4片叶子的时候，要注意不要挤压到之前的两片叶子，同时要给第5片叶子留出空间。

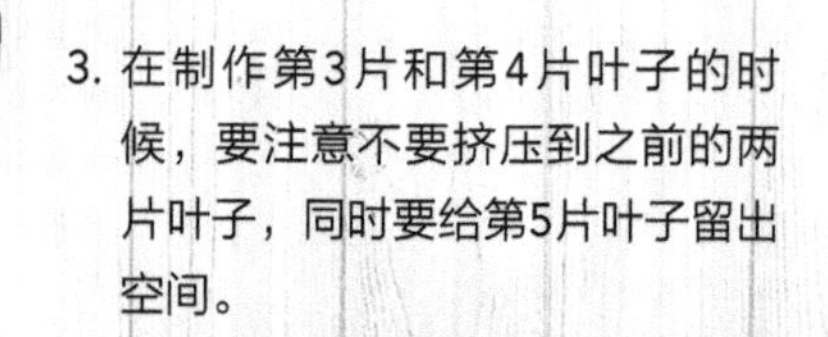

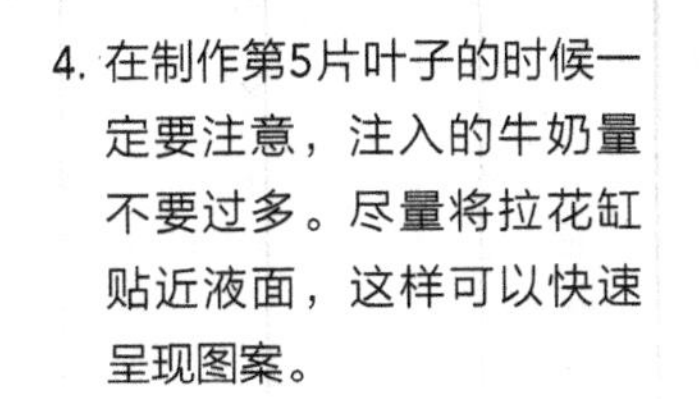

4. 在制作第5片叶子的时候一定要注意，注入的牛奶量不要过多。尽量将拉花缸贴近液面，这样可以快速呈现图案。

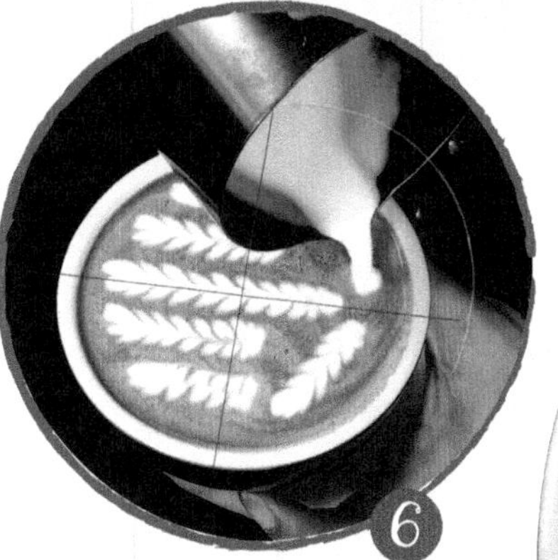

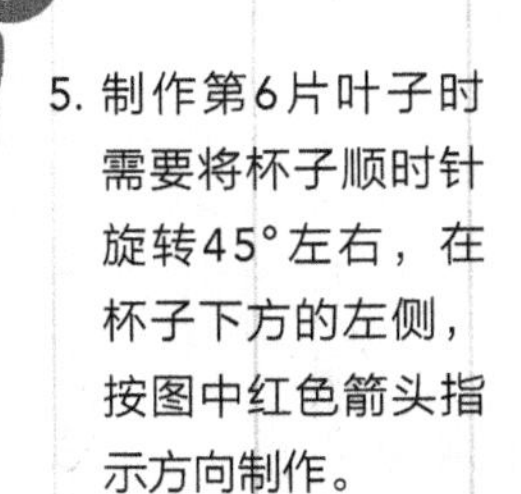

5. 制作第6片叶子时需要将杯子顺时针旋转45°左右，在杯子下方的左侧，按图中红色箭头指示方向制作。

扫描二维码观看七叶制作视频

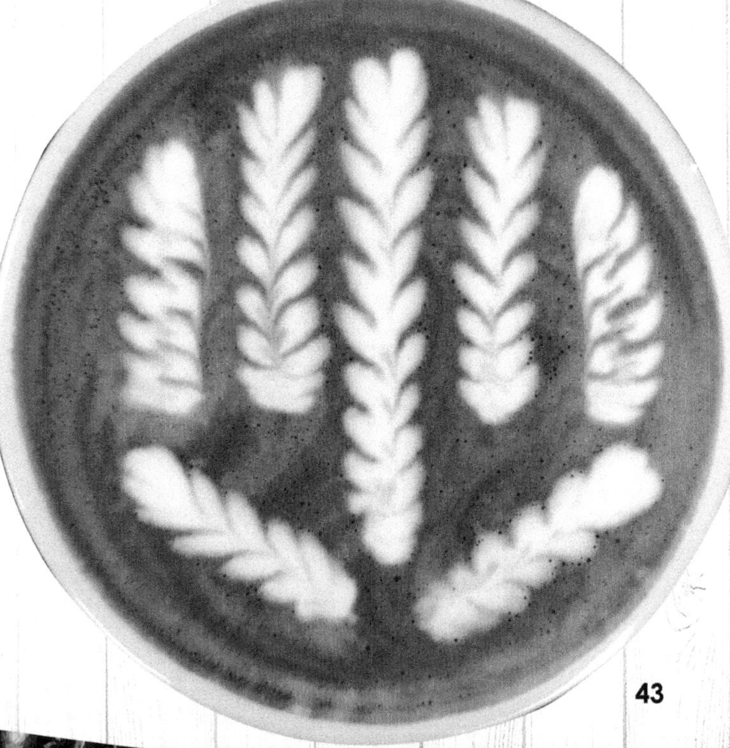

6. 制作第7片叶子时需要将杯子逆时针旋转120°左右，要和第6片叶子形成对称关系。

Part 6

咖啡拉花组合图案

经典天鹅

难度系数 ★★

图案简介 这个图案可以说是咖啡爱好者基本都见过的图案，它是在叶子图案的基础上增加了天鹅的颈部与头部。

难度讲解 该图案以叶子图案为基础，但在制作叶子的时候并不是沿中心线后退注入，而是向杯子的右上方后退注入。叶子收尾时要在图案纹路的左侧边缘进行，用来代表天鹅的翅膀。颈部和头部则是一步注入完成。

制作步骤

1. 在咖啡液面的中心下方开始注入奶泡。当液面呈现出白色奶泡时开始左右摆动拉花缸，形成纹路。

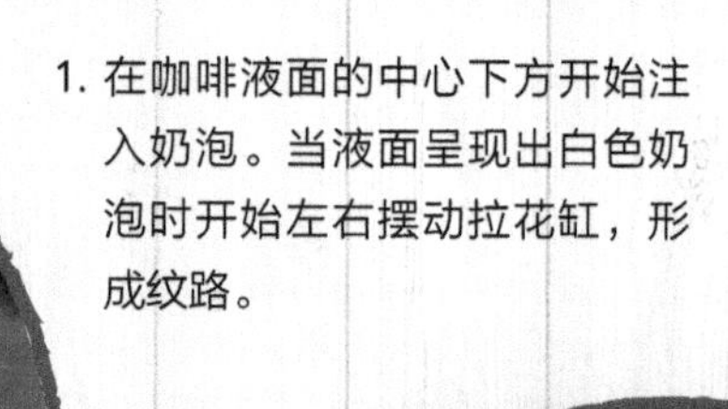

2. 当纹路向上翻卷时，匀速向右后方拉动拉花缸并保持持续注入和左右摆动。

3. 收尾时要在纹路左侧边缘进行。收尾不能穿过整个图案，收到向上翻卷的纹路位置处即可。

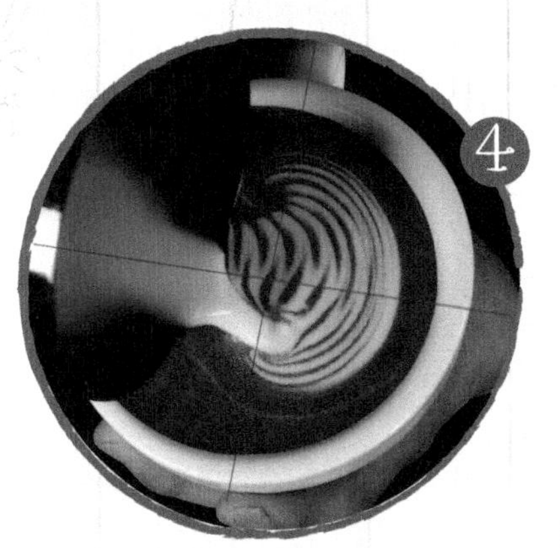

4. 将叶子收尾处作为天鹅的颈部注入点。注意不要向纹路的方向挤压图形。

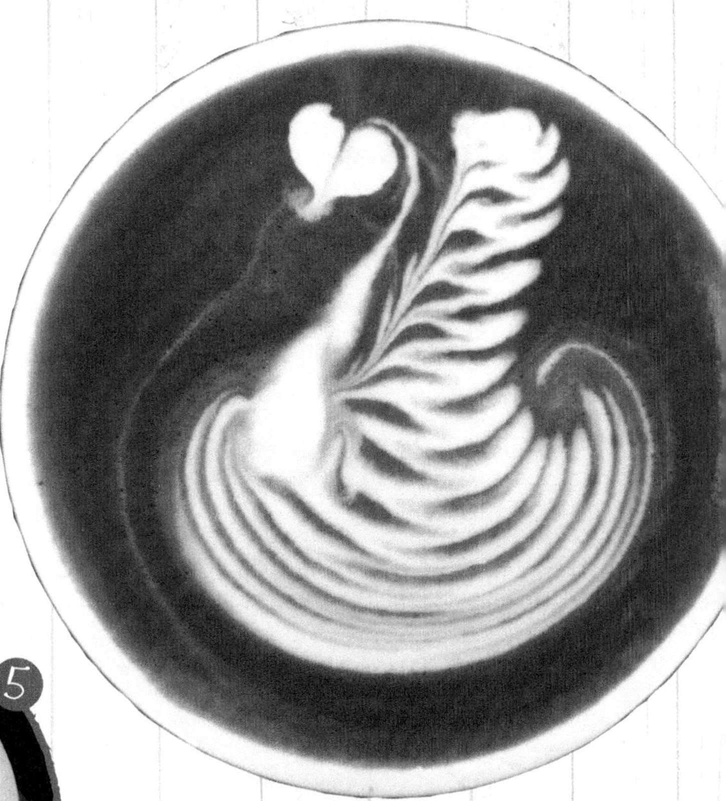

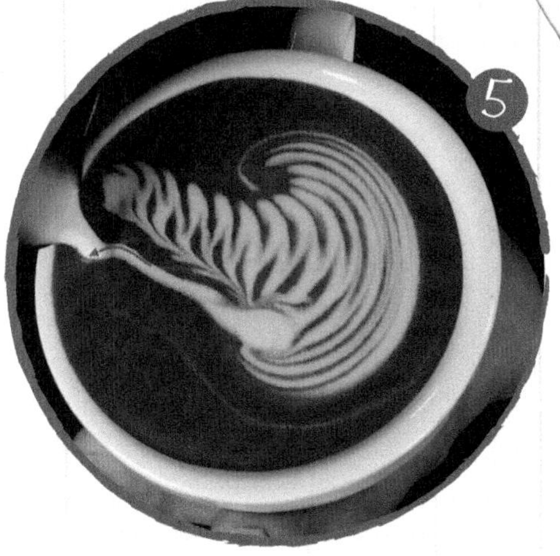

5. 降低拉花缸，使缸嘴贴近液面，匀速注入，并向后拉出线条，当靠近杯边缘时，向左下方画弧线。

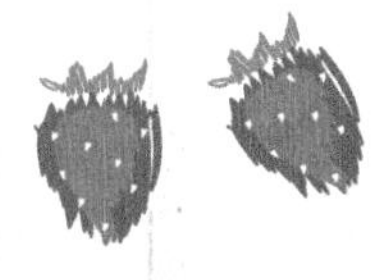

6. 头部运用的是心形制作手法，缸嘴贴近液面，使牛奶呈现出一个小圆点，抬高缸嘴保持稳定的流速并向下短距离推进，进行收尾。

扫描二维码观看
经典天鹅制作视频

组合天鹅 I

难度系数 ★★★

图案简介 单翅组合天鹅，运用了前推挤压手法和后拉手法，是组合图案里相对较为简单的图案。

难度讲解 图案整体难度不高，难点在于图案的整体布局和图案的呈现顺序，在制作天鹅翅膀后，应继续制作下面的小树叶。有很多爱好者会先做天鹅头部和颈部，但这样会影响到最后的奶泡呈现。

制作步骤

1. 在中心点制作4层前推挤压图案，和郁金香的制作是一样的手法。

2. 将杯子逆时针旋转60°左右，在最内侧的圆点上直接制作天鹅的翅膀。

3. 制作时，注意天鹅的翅膀应朝向杯子右上方。翅膀完成后，杯子应该是七八成满。

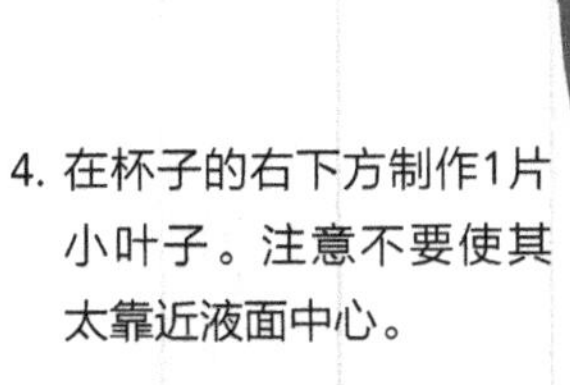

4. 在杯子的右下方制作1片小叶子。注意不要使其太靠近液面中心。

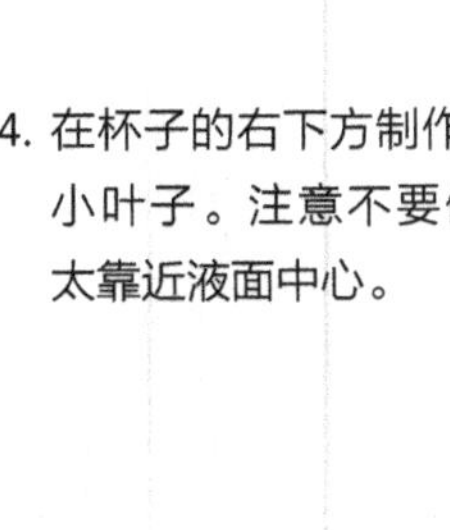

5. 顺时针旋转杯子90°左右，在杯子的左下方制作1片小叶子。

6. 逆时针旋转杯子60°左右，在翅膀的注入点注入天鹅的颈部。在制作天鹅的头部时应降低拉花缸，贴近液面持续注入。

扫描二维码观看组合天鹅I制作视频

组合天鹅 II

难度系数 ★★★

图案简介 双翅压纹组合天鹅，运用了先左右摆动制作压纹开底，再前推挤压的手法。天鹅翅膀对称是图案的重点。

难度讲解 图案的对称性是最大的难点，两个天鹅翅膀的角度一定要大一点。在图案制作过程中会多次旋转杯子，在转杯的时候一定要避免咖啡液面出现晃动。

制作步骤

1. 在咖啡液面中心制作一个压纹开底。注意图案不要过大。

2. 做两个前推挤压，将压纹挤压变大。但不要挤压过度，以免压纹形成反包。

3. 逆时针旋转杯子45°，在最内侧的注入圆点开始制作天鹅的翅膀。

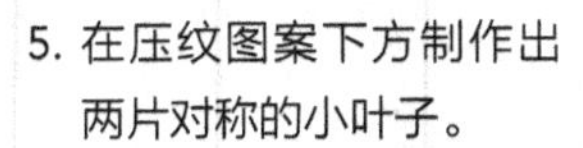

5. 在压纹图案下方制作出两片对称的小叶子。

4. 顺时针旋转杯子90°，制作第2个翅膀，注意使两个翅膀对称。

6. 最后在两翅膀注入点的中间注入牛奶来制作天鹅的颈部与头部。要注意牛奶的剩余量，不要过少或过多，以免影响奶泡的流动性。

扫描二维码观看
组合天鹅II制作视频

组合天鹅 III

难度系数　★★

图案简介　两只单翅天鹅在湖面上嬉戏。图案制作简单，对比度很高。

难度讲解　图案难点在牛奶释放的力度上。在制作天鹅的翅膀时牛奶的流量控制是最大的难点，要做到纹路清晰并且两个翅膀大小一致，以及两个翅膀中间的距离要拉开。

制作步骤

1. 在杯子的左侧制作1个翅膀，注意翅膀在杯子里的位置要靠上方一点。

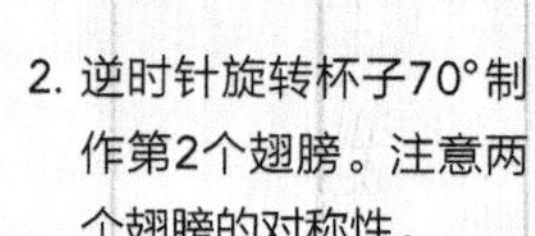

2. 逆时针旋转杯子70°制作第2个翅膀。注意两个翅膀的对称性。

3. 在第1个翅膀收尾的位置注入奶泡制作第1只天鹅。

4. 在制作天鹅的颈部时，拉花缸要微微高于液面。在制作头部时要降低拉花缸，贴近液面，然后快速地前提收尾。

5. 制作第2个天鹅时，要注意和第1个天鹅的对称性。

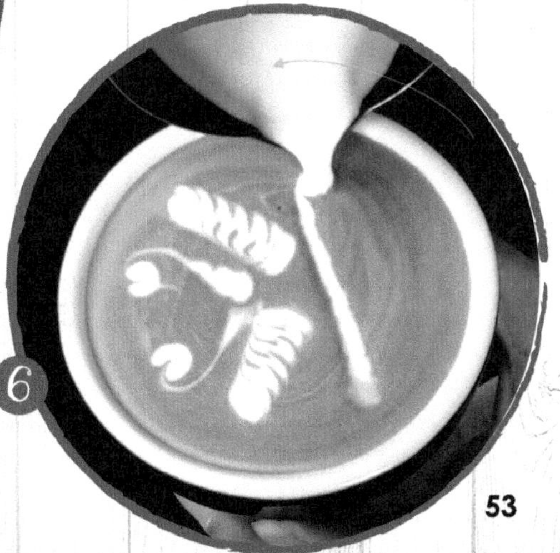

6. 最后在天鹅下面制作河水，用后拉的手法制作S线。

扫描二维码观看
组合天鹅III制作视频

组合反推 I

难度系数 ★★★

图案简介 反推单翅天鹅可以明显地看出被挤压过的纹路，以此展示天鹅在水面上形成的纹路。

难度讲解 反推是制作时，先反向拿杯制作图案的下半部分，然后旋转杯子180°，再反向制作一个向内挤压的图案，以呈现出独特的视觉效果。反推是对压纹纹路和前推挤压力度的综合考验，在制作压纹时要保证每一层的纹路清晰，以免在前推挤压时纹路被挤压重叠在一起。前推挤压时要把前推的距离掌握好，否则压纹会无法打开或者图案呈现不完整。

制作步骤

1. 反向拿杯。在液面中心上方制作一个压纹纹路。

2. 将杯子顺时针旋转180°。转杯时注意液面不要晃动，以免图案变形。

3. 用较大的力度制作一个挤压前推，使压纹挤压变形。

4. 再制作一个前推挤压，将之前的图案再次挤压变形。

5. 在中心制作天鹅的翅膀，翅膀方向向右侧倾斜。

6. 最后在翅膀的注入点左侧开始注入，后拉出S形线条来制作天鹅的颈部，降低拉花缸，贴近液面制作天鹅头部。

扫描二维码观看
组合反推I制作视频

组合反推 II

难度系数 ★★★★

图案简介 图案展示的是一只在湖面上即将展翅高飞的天鹅。

难度讲解 该图案在制作上要注意：在做压纹时要保持定点注入；转杯时不要过快，避免液面晃动。前推挤压的幅度和压纹被挤压后向上反击的高度要保持一致，这样才可以有足够的空间来制作对称的天鹅双翅。

制作步骤

1. 反向拿杯。制作一个压纹纹路，制作的位置在液面中心上方。

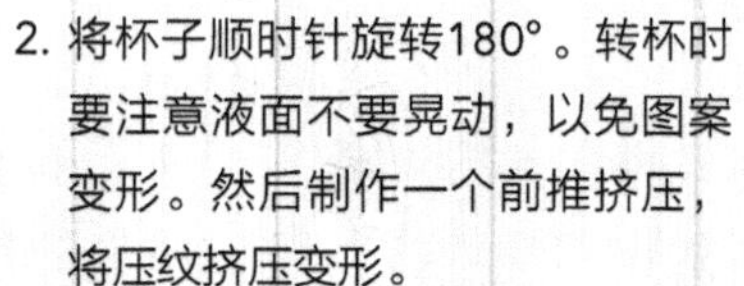

2. 将杯子顺时针旋转180°。转杯时要注意液面不要晃动，以免图案变形。然后制作一个前推挤压，将压纹挤压变形。

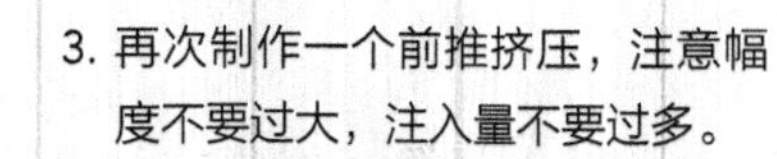

3. 再次制作一个前推挤压，注意幅度不要过大，注入量不要过多。

4. 制作第3个前推挤压时要控制好幅度，使其与压纹平齐。

5. 在中心上制作2个对称的翅膀，注意2个翅膀间的角度不要过小，以免没有空间制作天鹅头部。

扫描二维码观看
组合反推II制作视频

6. 在2个翅膀中心制作天鹅的颈部。按图中红线条所示，来进行制作。

组合反推 III

难度系数 ★★★

图案简介 该图案是树叶的手法作为下半部分图形，再通过转杯后向树叶内制作一个挤压的多层郁金香。

难度讲解 该图案由两部分组成，首先是制作树叶，要注意融合量不要超过杯子容量的50%，树叶的形状不要做得太大，占整个表面的50%～60%即可，以留出制作郁金香的空间。在转杯子的时候要注意旋转的幅度不要过大，以免使液体转动而造成图案变形。郁金香在制作的时候要从远处向内推，第一层幅度要大，然后逐渐减轻力度。

制作步骤

1. 在液面中心靠下方开始摆动注入，形成纹路。

2. 当纹路扩大后即可将拉花缸边向后退边制作，但是不要收尾。

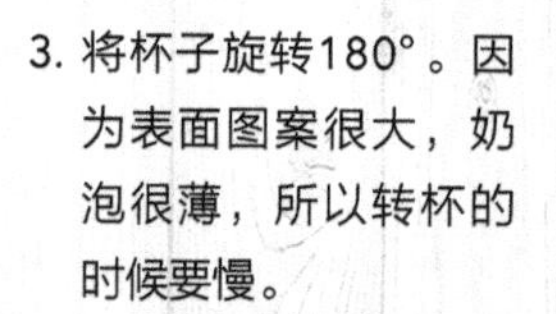

3. 将杯子旋转180°。因为表面图案很大，奶泡很薄，所以转杯的时候要慢。

4. 如果前推挤压幅度过大，被挤压的图案会形成反向包裹的形状，所以如果想让上面的口径更大，就需要分段向前挤压。

5. 郁金香的分段分别是4段、3段和一个2段，每次都应挤压至图案已经没有足够的空间时进行再次挤压。

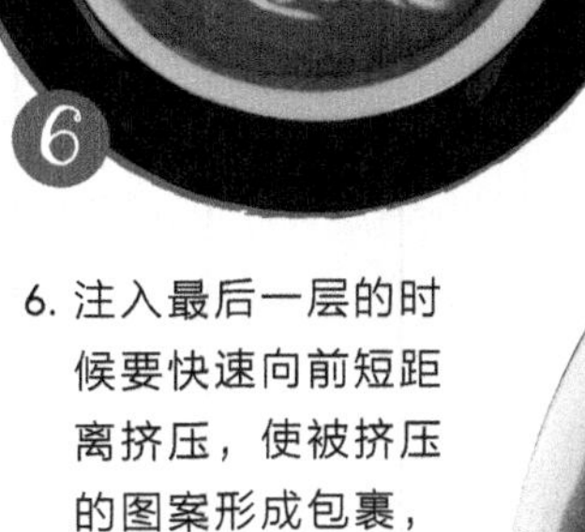

6. 注入最后一层的时候要快速向前短距离挤压，使被挤压的图案形成包裹，然后抬高拉花缸进行收尾。

扫描二维码观看
组合反推III制作视频

组合郁金香Ⅰ

难度系数 ★★★

图案简介 该图案可以说是组合图案里的经典图案，也是组合图案里的入门图案。它由321郁金香和两片小叶子组成，适合初学者作为练习图案来反复练习。

难度讲解 图案的难点在于图案呈现位置，郁金香要呈现在中心靠上的位置，要留出小叶子的制作空间。制作郁金香时牛奶的注入量应占整个杯子容量的八成，两片小叶子要对称。

制作步骤

2. 然后制作3层挤压，使前两层呈半包裹的状态。

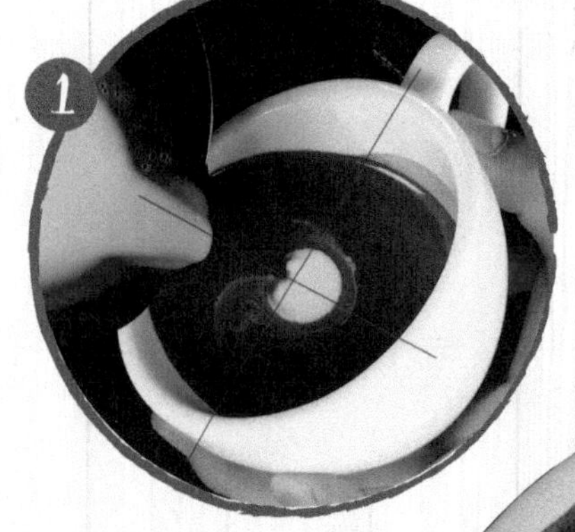

1. 在液面中心点靠下位置制作第1层郁金香。

3. 空出一个断层，再制作两个前推挤压，要留出一定的空间。

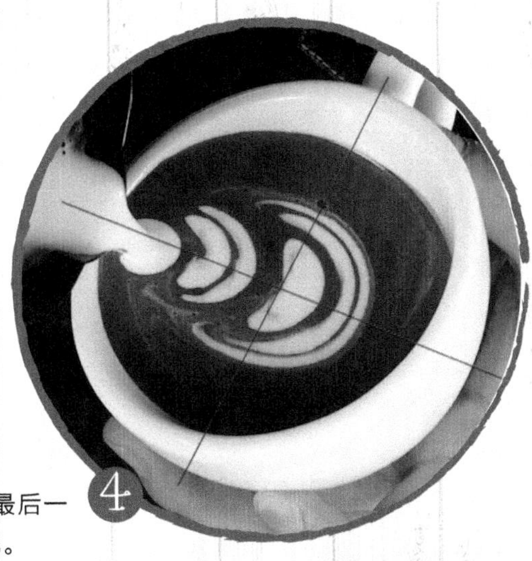

4. 在最上方制作最后一层，并进行收尾。

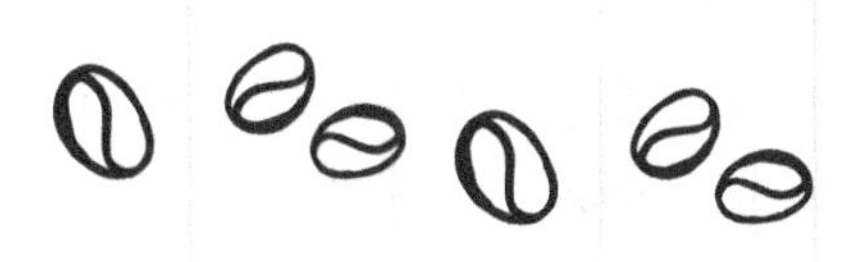

5. 将杯子逆时针旋转60°，在郁金香的右侧底部制作第1片小叶子，叶子要挺直。

6. 将杯子顺时针旋转90°，在郁金香的左侧底部制作第2片小叶子。注意两片叶子的对称性。

扫描二维码观看
组合郁金香I制作视频

组合郁金香Ⅱ

难度系数　★★★

图案简介　在3+1郁金香上加了两片叶子和两段创意线条，是组合郁金香Ⅰ的进阶图案。

难度讲解　难度在于郁金香部分的下三层要挤压成同一个高度，制作郁金香时牛奶的整体注入量要占杯子容量的七成。图案底部小叶子的对称性与上面两段线条的平行性十分重要。

制作步骤

1. 在液面中心制作1个3+1郁金香。

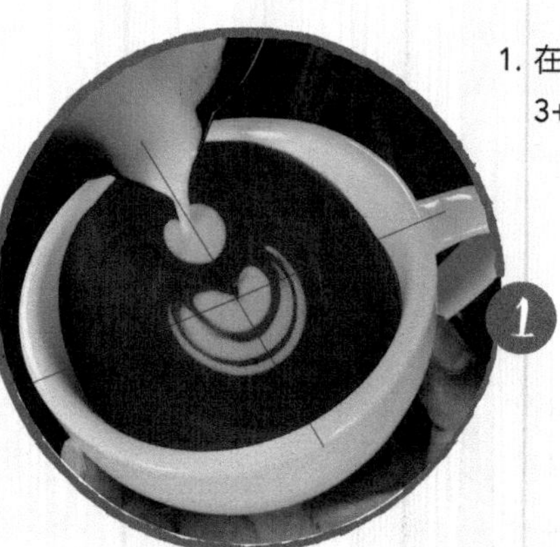

2. 将杯子逆时针旋转45°，在郁金香底部右侧制作1片叶子。

3. 将杯子顺时针旋转90°，在郁金香底部左侧制作另1片叶子，与右侧叶子形成对称。

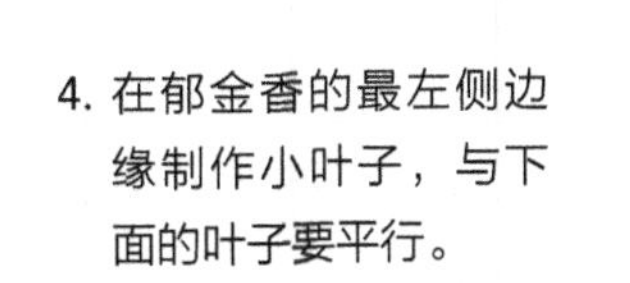

4. 在郁金香的最左侧边缘制作小叶子，与下面的叶子要平行。

5. 在准备收尾的时候用拉线条的方式按图示画一条弧线。

扫描二维码观看
组合郁金香II制作视频

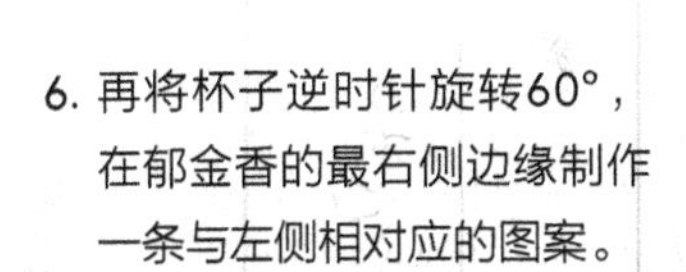

6. 再将杯子逆时针旋转60°，在郁金香的最右侧边缘制作一条与左侧相对应的图案。

组合郁金香III

难度系数 ★★★★

图案简介 在321郁金香的基础上，制作两组相对应的点状心形。

难度讲解 图案的难度在于郁金香的底部纹路打开的程度，如果打开的角度太小，制作出来的图案会显得十分笨拙。制作心形时要注意使拉花缸贴近液面，快速释放，当看到白点出现时立刻停止注入。

制作步骤

1. 在杯子的最中心制作一个321郁金香，图案完成后整体注入量要占杯子容量的7成。

2. 在郁金香的最左侧制作2个点状心形，在制作时要注意牛奶的注入量。

3. 将杯子逆时针旋转60°，在郁金香的最右侧制作2个点状心形，与左侧相对称。

4. 再将杯子逆时针旋转30°，在郁金香底部右侧制作3个点状心形。

5. 将杯子顺时针旋转90°，在郁金香底部左侧开始注入，制作一个与右侧相对称的图案，此时要注意拉高拉花缸以控制奶流的速度。

扫描二维码观看
组合郁金香III制作视频

6. 在制作最后收尾图案的时候，要注意此时拉花缸里的牛奶量不多了，一定要保持住流量，不能出现断流。

Part 7

咖啡拉花创意图案

创意玫瑰 I

难度系数 ★★★★

图案简介 玫瑰的咖啡拉花中，很难直接用注入的形式来制作出一个很具象的图案，一般都是用拉花的手法以形象图案来表示。此创意玫瑰就是从上方向下看时可欣赏到的玫瑰花。

难度讲解 图案运用了线条和点状心形的多重表现手法。花瓣运用点状心形挤压手法，花叶运用拉线条的手法，并在下方空白处两边各加一片小叶子。

制作步骤

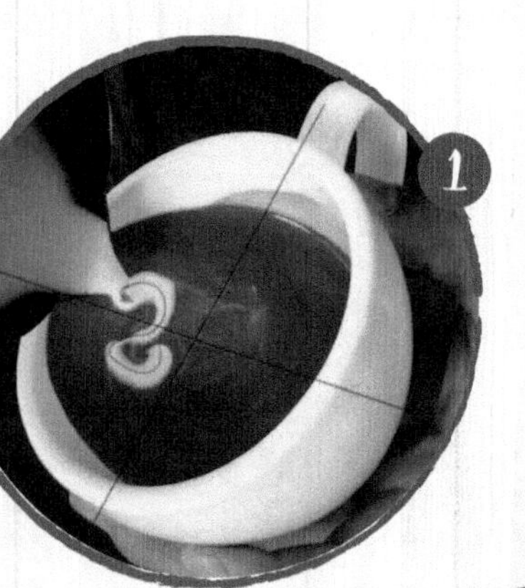

1. 用后拉线条的手法在上方制作出图示形状，收尾时向前推出一个点。形状类似于没有封口的数字8。

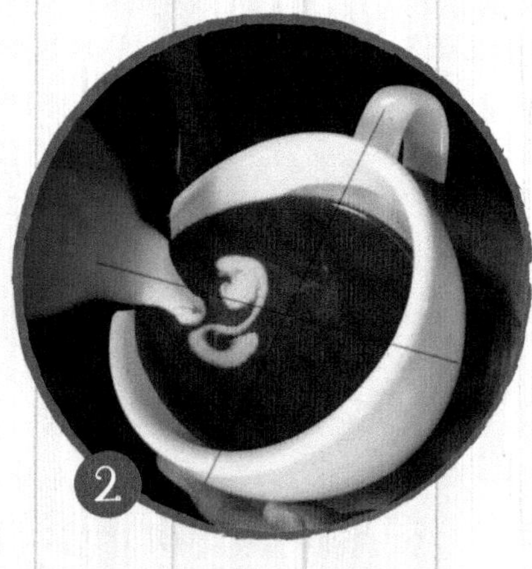

2. 在制作好的图形左侧，用推心的手法向前推进一个点。

3. 在图形的中心，用推心的手法向前推进一个点，并使两侧图形被挤压。

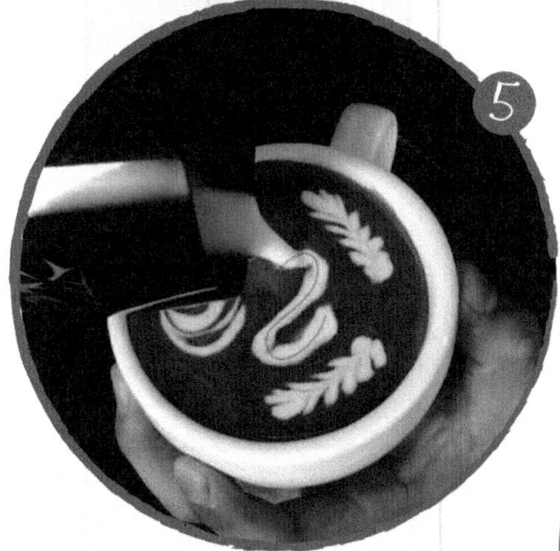

4. 在下方制作出两片对称的小叶子。注意两片叶子间的距离不能过窄，要给玫瑰叶子留出空间。

5. 在中心空白处制作玫瑰的叶子，此时要注意拉花缸的高度和奶泡的流动性，以免表面出现虚影。

扫描二维码观看
创意玫瑰I制作视频

6. 在叶子收尾时可以做一个跳心，来体现整体的难度和复杂程度。

创意玫瑰 II

难度系数 ★★★★

图案简介 玫瑰花的花朵部分用点状心形挤压方式来呈现，整体图案简单大方。

难度讲解 花朵部分运用点状心形挤压手法，每一个花瓣的位置和顺序十分重要，并且每一次挤压的力度也略有不同。叶子部分和花茎部分采用后拉式线条来呈现。

制作步骤

1. 在液面靠上的位置，中心线两侧各制作一个点，距离不要太近。

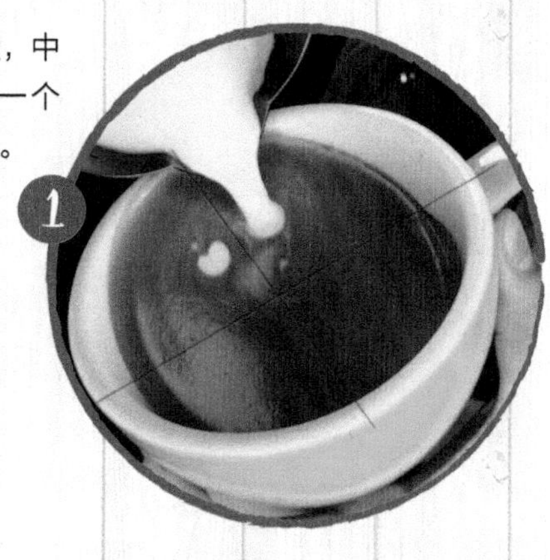

2. 在靠近左侧的圆点处，利用点状心形手法挤压进去一个圆点。注意挤压力度不要过大。

3. 制作第4个“花瓣”，要在中心线偏右的位置，力度要比上一个圆点微大一点，将整个图形挤压开。

4. 第5个“花瓣”在中心线的位置注入，向前推进力度较大。收尾时向拉花缸前方推进。要注意推进的距离不能过大。

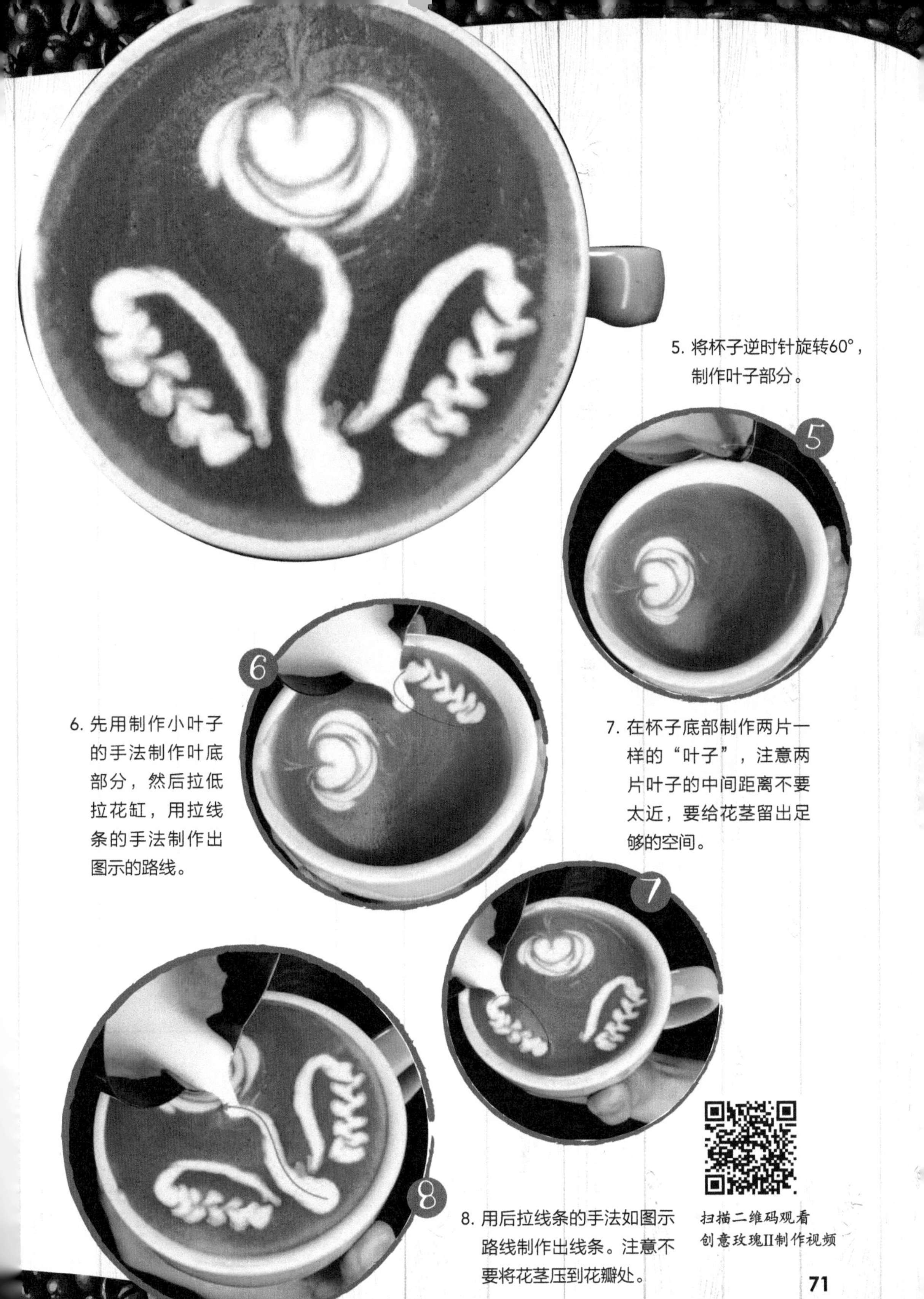

5. 将杯子逆时针旋转60°，制作叶子部分。

6. 先用制作小叶子的手法制作叶底部分，然后拉低拉花缸，用拉线条的手法制作出图示的路线。

7. 在杯子底部制作两片一样的“叶子”，注意两片叶子的中间距离不要太近，要给花茎留出足够的空间。

8. 用后拉线条的手法如图示路线制作出线条。注意不要将花茎压到花瓣处。

扫描二维码观看
创意玫瑰II制作视频

创意天鹅 I

难度系数 ★★

图案简介 图案左侧是树叶，右侧是一只天鹅游在湖面上。

难度讲解 图案整体来讲制作简单，重点是以拉线条的方式来制作。图案最大的难点是图案的布局和树叶的角度。

制作步骤

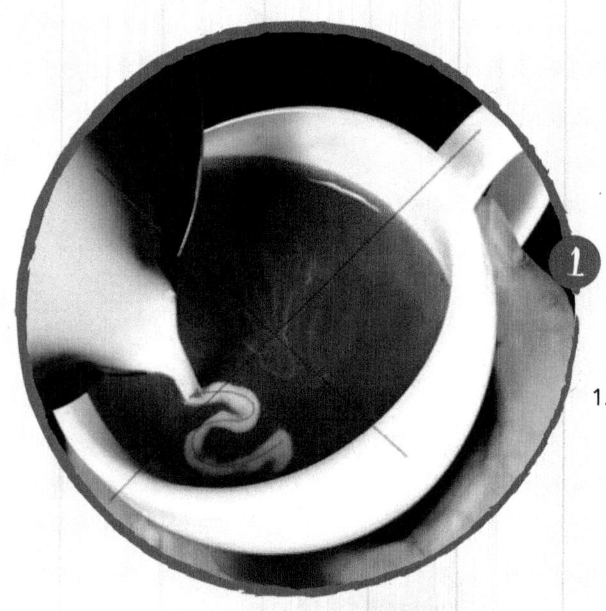

1. 拉花缸贴近液面，注入奶泡至液面呈现出白色奶泡后，用拉花缸画S形线条。

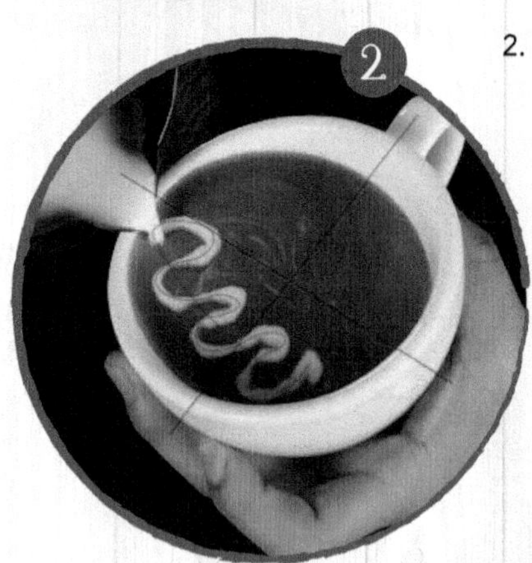

2. 当S形线条到达杯子的边缘时，按图中红线所标进行收尾。

3. 收尾后将杯子逆时针旋转70°～90°来制作天鹅部分。

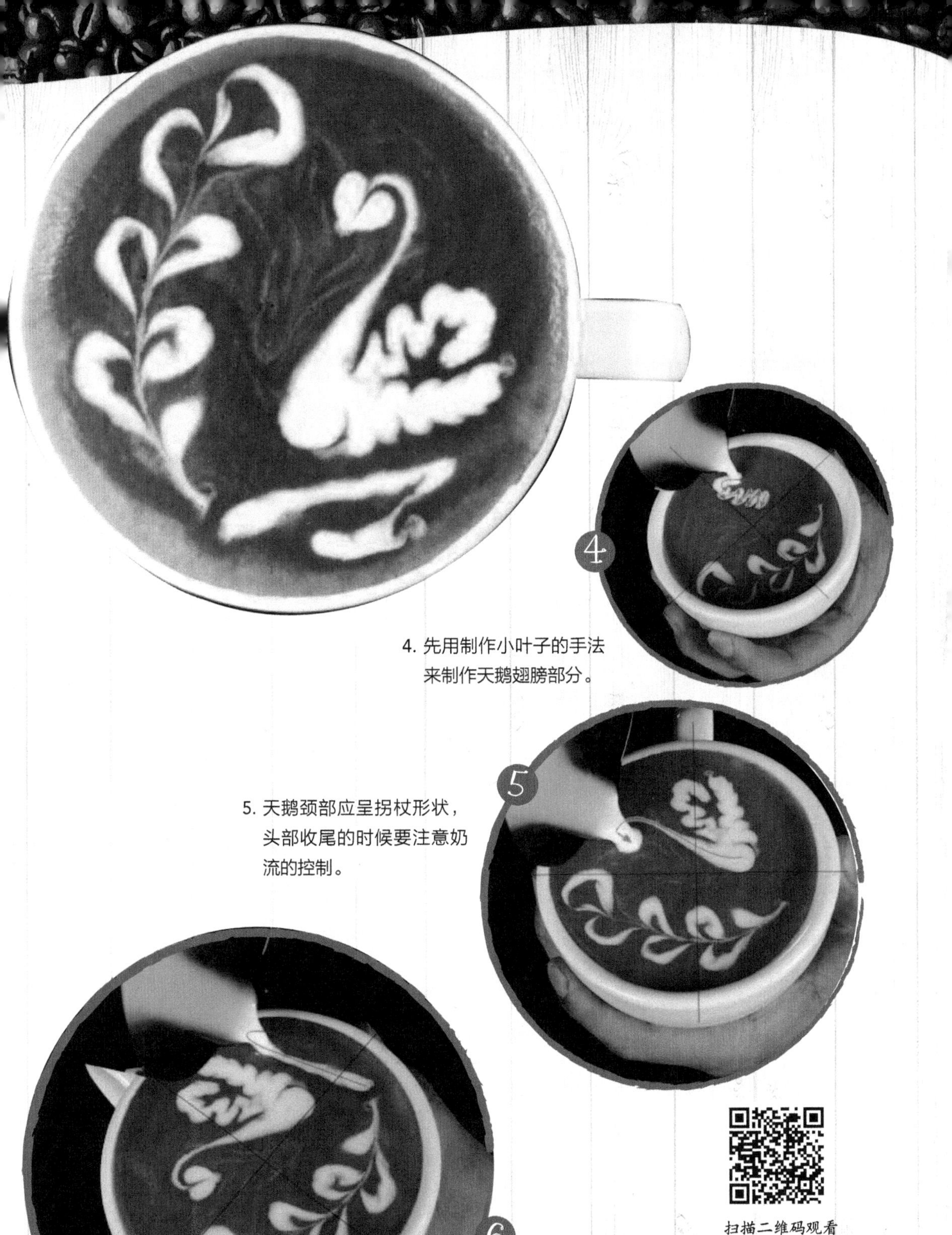

4. 先用制作小叶子的手法来制作天鹅翅膀部分。

5. 天鹅颈部应呈拐杖形状，头部收尾的时候要注意奶流的控制。

扫描二维码观看创意天鹅I制作视频

6. 在天鹅的底部拉出直线或S形线条来代表水面。

创意天鹅 II

难度系数 ★★★★

图案简介 以双翅天鹅为基础，在天鹅上面制作一个类似花篮的图形，在天鹅的下方画出横线线条来代表水流。

难度讲解 天鹅的大小会影响整个图案的布局，天鹅上面的花篮是图案的难点。Z字形线条中间的花瓣要制作得小巧一点。

制作步骤

1. 在液面中心下方制作两个对称翅膀，翅膀方向要微微向上倾斜。

2. 在翅膀的末端制作1片叶子，不要进行收尾。

3. 在另1片翅膀上方制作另1片相对应的未收尾的树叶。

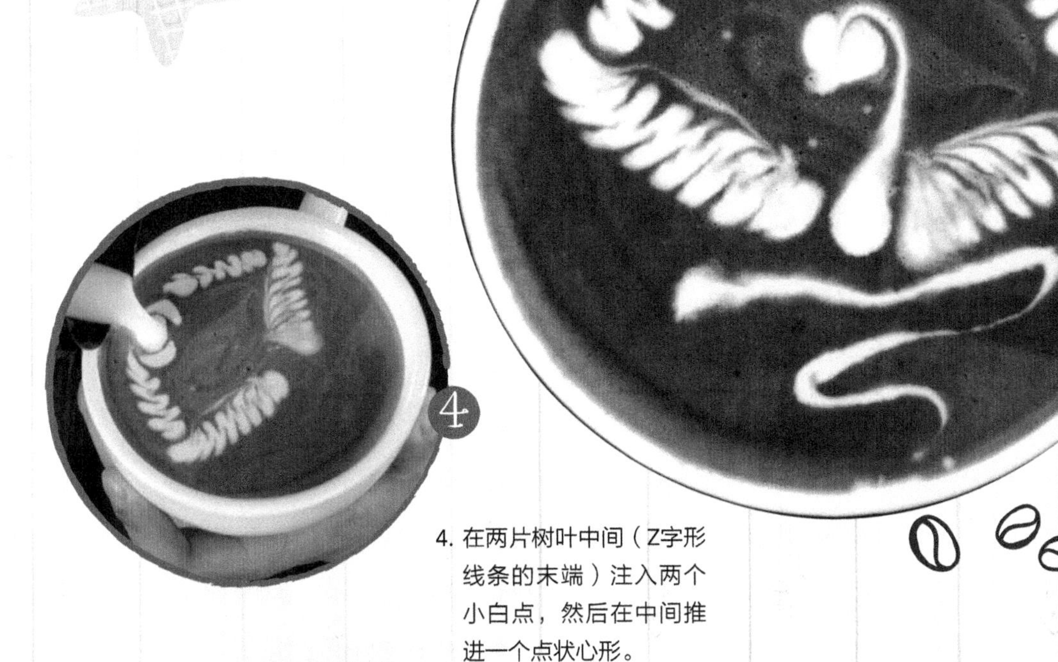

4. 在两片树叶中间（Z字形线条的末端）注入两个小白点，然后在中间推进一个点状心形。

5. 在翅膀中间注入天鹅的颈部和头部。

扫描二维码观看
创意天鹅II制作视频

6. 在天鹅的下面画出横线线条，来代表水纹。

创意花环

难度系数 ★★★★★

图案简介 在321郁金香的外侧制作两片有弧度的树叶，形成一个花环形状，所以又称花环郁金香。

难度讲解 图案相对难度较高的是郁金香的制作位置与大小。图案最难的部分是花环的制作，需要边注入边旋转杯子，旋转的速度要与牛奶注入的速度相适应。

制作步骤

1. 在中心处制作出一个321郁金香，注意郁金香的大小。

2. 将杯子顺时针旋转20°，在郁金香的中心底部开始制作“花环”。

3. 花环是采用小叶子的摆动手法，边注入边逆时针旋转杯子同步完成的。

4. 在花环收尾时要注意奶流的释放力度。

5. 然后将杯子逆时针旋转180°左右，在郁金香底部的右侧开始注入，边注入边顺时针旋转杯子。

6. 将花环制作至郁金香上方边缘后开始进行收尾。

扫描二维码观看
创意花环制作视频

创意海马

难度系数 ★★★★★

图案简介 利用郁金香的下半部分来呈现小海马的身体，上半部分代表小海马的背鳍，再利用麦穗与线条来呈现出卷曲状的尾巴与头部，用线条和点来代表海马的嘴和眼睛。

难度讲解 郁金香在杯中的位置、大小十分重要，同时郁金香的上下部分也要拉开距离，不要挤压得太近。麦穗与卷曲的线条是一次注入的，注意线条卷曲的时候要配合转杯。点眼睛的时候要注意拉高拉花缸，要控制点的位置。

制作步骤

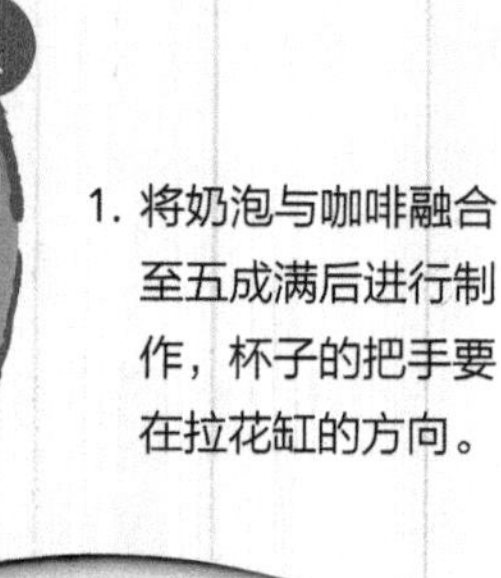

1. 将奶泡与咖啡融合至五成满后进行制作，杯子的把手要在拉花缸的方向。

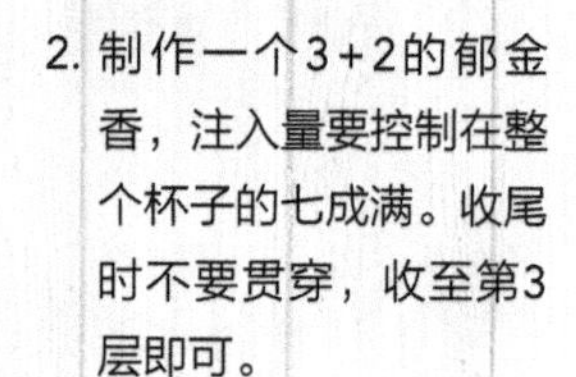

2. 制作一个3+2的郁金香，注入量要控制在整个杯子的七成满。收尾时不要贯穿，收至第3层即可。

3. 在郁金香的上方制作一个较短的Z字形线条，后段用线条画弧至郁金香的边缘。边制作边顺时针旋转杯子。

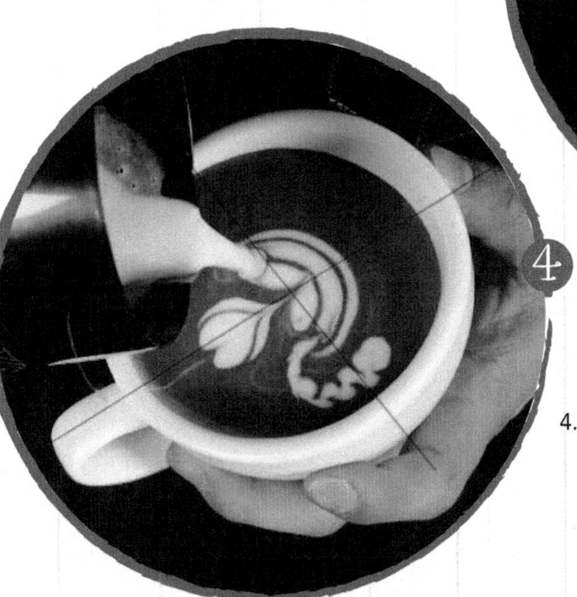

4. 将杯子逆时针旋转30°，在郁金香另一侧边缘开始注入。

5. 如图所示，做Z字形线条，边做边逆时针旋转杯子，制作一段Z字形线条后，再制作一个旋涡形线条。

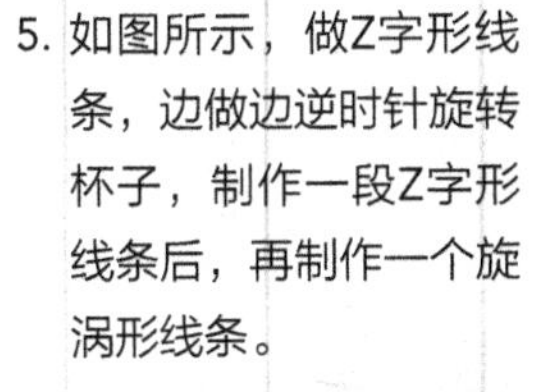

扫描二维码观看
创意海马制作视频

6. 在“海马”头部内的空隙中注入一个小白点，向后拉线条约1cm后再制作一个白点。收尾时轻微向前推进。

创意山水

难度系数　★★★

图案简介　图案描述的是一幅山水画，结构简单明了，图案对比度高。

难度讲解　图案难点为山的高度，Z字形线条的长短决定了山的高低。山的角度要保持一致。

制作步骤

1. 在杯子的左侧制作一条向右倾斜的Z字形线条，收尾较短。

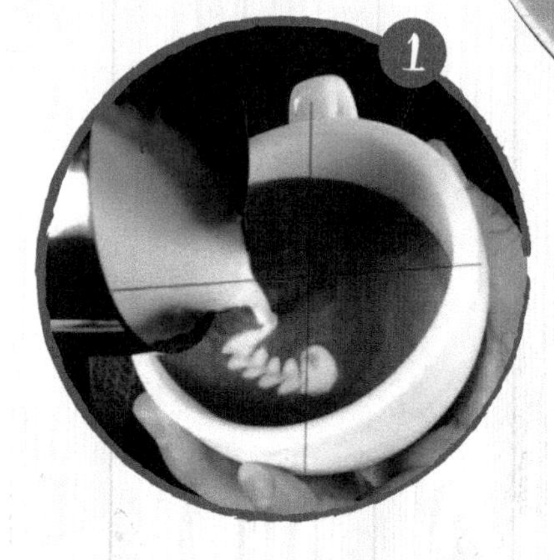

2. 再制作一条向右倾斜的平行于第一条线条的Z字形线条，长度要比上一条长出一点。

3. 再在右侧制作一条与前两条平行的Z字形线条，长度与第二条相等。收尾时要与注入点平行。

4. 逆时针旋转杯子，使杯把转至拉花缸的方向。在图案的最下侧边缘，制作一条贯穿连接的直线条。

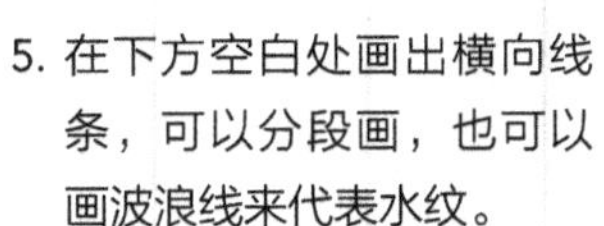

5. 在下方空白处画出横向线条，可以分段画，也可以画波浪线来代表水纹。

6. 在最矮的“山峰”上制作一个圆点来代表太阳。

扫描二维码观看创意山水制作视频

创意皇冠

难度系数　★★★

图案简介　利用树叶的手法制作Z字形线条，经过不同的角度和排列组成了皇冠形状。

难度讲解　图案难度在于需要多次旋转杯子，在制作Z字形线条时要注意每条线的长短要一致，并且要保持线条之间的距离均等。

制作步骤

1. 在中间制作一片小叶子，在叶子后方制作一个小心形，心形收尾时贯穿小叶子。

2. 在中心的左侧画一条Z字形线条，收尾时向中心画线代入，然后在右侧制作一个相对称的线条。

3. 在左侧再次制作一条Z字形线条，注意与上次制作的线条拉开距离。制作的长度和上一次一样，注入点比上一次靠下一点。

4. 在右侧再次制作一条Z字形线条，边注入边逆时针旋转杯子，形成与左侧对称的线条。

5. 在图案的最下方制作一个内侧弧形的线条将两端连接到一起。

扫描二维码观看
创意皇冠制作视频

6. 将杯子的杯把逆时针旋转至拉花缸方向。在所有制作好的Z字形线条下方边缘，制作一条弧形的Z字形线条，将之前的线条全部连接贯穿。

Part 8

咖啡拉花设计图案

鲤鱼

难度系数 ★★★

图案简介 图案综合运用了前推挤压手法和雕花手法来展现一条生动的鲤鱼。

难度讲解 鱼的头部和鱼身的注入为图案的难点，需要一边注入一边旋转杯子。要注意每次注入的角度和量的大小，以及每个点之间的距离。在勾绘时要注意拉花针的注入点和收尾时的力度。

制作步骤

1. 一边逆时针旋转杯子一边注入，如图所示，先注入外侧再注入内侧。

2. 先制作鱼的头部。将拉花缸贴近液面快速地注入，形成一个一元硬币大小的泛白圆点。

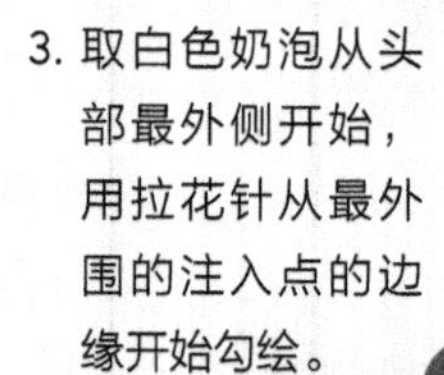

3. 取白色奶泡从头部最外侧开始，用拉花针从最外围的注入点的边缘开始勾绘。

4. 再次取白色奶泡从头部内侧边缘进行勾绘。每次勾绘完成后，要用清洁毛巾将拉花针头部擦拭干净，方可进行下一次勾绘。

5. 如图所示，从白色奶泡鱼尾处勾绘出两个相对应的J形线条，来代表鱼尾的轮廓。

6. 在鱼头后上方画一条白线，再从鱼的背部边缘线开始向上方左侧勾勒线条。

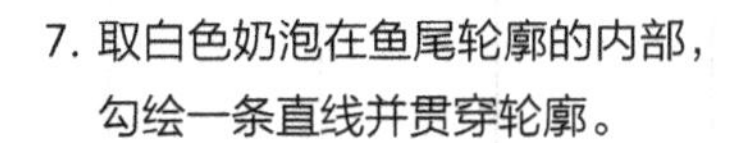

7. 取白色奶泡在鱼尾轮廓的内部，勾绘一条直线并贯穿轮廓。

8. 在鱼头后下方边缘勾画鱼鳍。先用两条弧线勾画鱼鳍的轮廓，再在轮廓中间勾画一条直线。

9. 用拉花针从鱼头内部向外制作两条J形线条，组合成一个心的形状代表鱼嘴。

10. 取表面咖啡油脂颜色，在鱼嘴后方点入，来代表鱼眼。

11. 取白色奶泡，在咖啡油脂颜色的鱼眼内点入一个较小的白点，来代表眼球。

扫描二维码观看鲤鱼制作视频

12. 在鱼嘴边缘，用白色奶泡勾画圆圈，来代表水中的气泡。

小蜗牛

难度系数 ★★★

图案简介 图案制作简洁明了，描述了一只小蜗牛正在努力地爬向一片叶子。

难度讲解 蜗牛壳部分的制作是通过前推挤压注入完成的，在挤压距离上要短，挤压力度要大。叶子在杯子里呈现的角度是关键，与蜗牛壳之间的距离要拉开，否则没有足够的空间来制作蜗牛的身体。

制作步骤

1. 反向拿杯，使杯把在左侧。在左侧靠上的位置开始制作蜗牛的壳部。注入的点不要过大。

2. 每一层的前推挤压力度要大，前推距离要短，使图案的层次形成包裹的形状。

3. 将杯子逆时针旋转90°，在靠近中心点的位置开始注入，制作叶子。

4. 在制作叶子时要保持持续注入，边制作边逆时针旋转杯子。

5. 在叶子收尾处，拉花缸缸嘴略倾斜，侧向注入，拉花缸缸嘴应尽量贴近液面。

6. 将杯子顺时针旋转60°，在蜗牛壳边缘制作蜗牛的身体，先从头部注入，形成L形线条。

7. 用拉花针取白色奶泡在蜗牛头部上方点两个小白点，来代表蜗牛的眼睛。

8. 再次取白色奶泡，从眼睛开始进行勾画，使眼睛与头部相连接。

9. 在头部连接的地方会有咖啡油脂颜色的线条，用白色的奶泡将其覆盖，保持蜗牛头部是白色的。

10. 取白色奶泡，在叶子的末端画一条横线。勾画针在画线的时候会慢慢地伸入咖啡内，所以在收回勾画针的时候要注意力度。

11. 在空白处画上线条来进行修饰。

12. 在蜗牛头部上方也可以用奶泡修饰空白处。

扫描二维码观看
小蜗牛制作视频

小狐狸

难度系数 ★★★

图案简介 用小叶子摆动的手法来呈现出毛茸茸的小狐狸的头部。用粉色的奶泡进行修饰，增加了图案的亲和感。

难度讲解 图案通过较少的线条来展示小狐狸的头部，所以每一个线条呈现的清晰度显得尤其重要，图案的左右对称性也非常重要。

制作步骤

1. 在左侧制作一条Z字形线条。

2. 在右侧制作一条Z字形线条，与左侧对称。

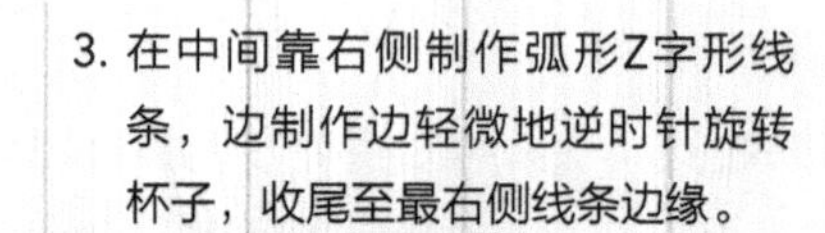

3. 在中间靠右侧制作弧形Z字形线条，边制作边轻微地逆时针旋转杯子，收尾至最右侧线条边缘。

4. 在中间靠左侧制作弧形Z字形线条，边制作边轻微地顺时针旋转杯子，与右侧图案对称。

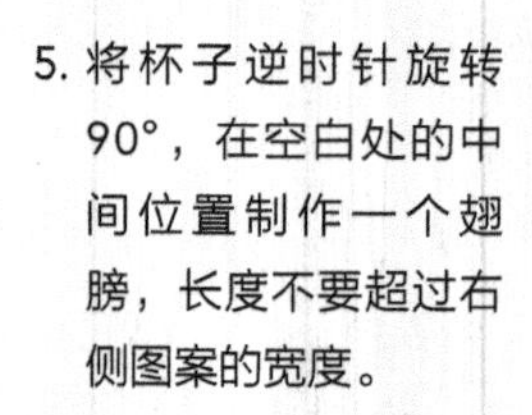

5. 将杯子逆时针旋转90°，在空白处的中间位置制作一个翅膀，长度不要超过右侧图案的宽度。

6. 将杯子顺时针旋转90°，制作一个与右侧平行并对称的翅膀，中间要留出空白处。

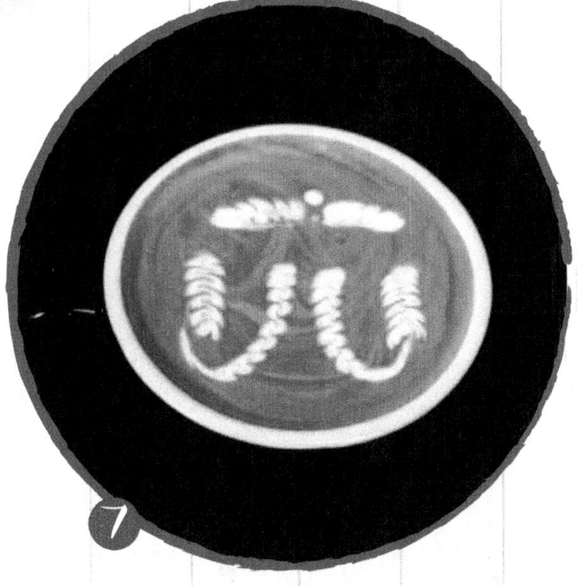

7. 在两个翅膀的中间下方，用拉花针取白色奶泡制作一个小圆点来代表小狐狸的鼻子。

8. 取白色奶泡，在小狐狸的鼻子处开始勾绘（如图所示），要留出翅膀与线条中间的空白处。

9. 取咖啡油脂将鼻子勾画出一个圆形。

10. 取粉色奶泡，在翅膀与线条的空白处画出一个圆锥形，来代表小狐狸的眼睛。

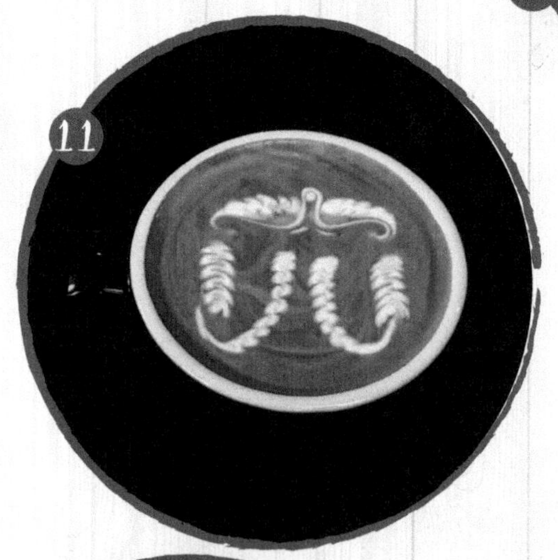

11. 取白色奶泡在弧形线条上边画一个细小的线条，来代表小狐狸的眉毛。

扫描二维码观看小狐狸制作视频

12. 取粉色奶泡，在小狐狸的耳朵内部画出一条弧线，进行点缀。

天蝎座

难度系数　★★★

图案简介　通过多层前推挤压手法，制作出天蝎的身体，再通过点状心形和小树叶的手法来制作钳子和尾巴。

难度讲解　在制作天蝎身体时注意每层之间的距离，应从大到小。天蝎的尾巴为一次性注入完成。

制作步骤

1. 在液面中心开始注入，制作心形，保持同等注入量。

2. 制作5层前推挤压。

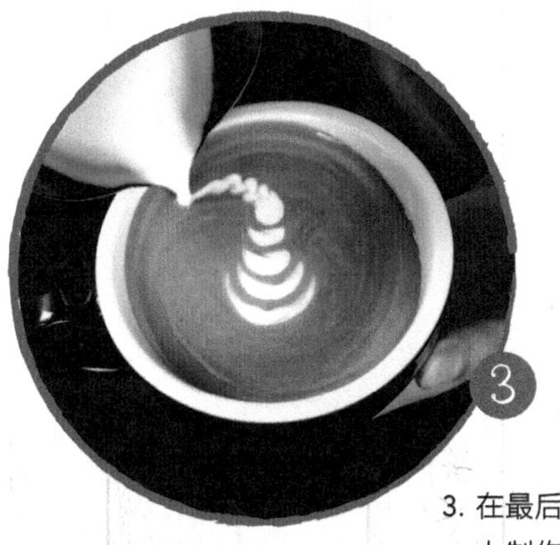

3. 在最后一个圆点上制作一个弧形的Z字形线条。

4. 在线条末端降低拉花缸，制作出一个点状心形。

5. 将杯子顺时针旋转90°左右，制作3个小的点状心形，要注意每个点之间的距离不能过近。

6. 将杯子顺时针旋转20°左右，再制作3个小的点状心形，与右侧对称。

7. 制作蝎子的钳子部分，在收尾时要向前推，制作出凹口。

8. 在凹口处用拉花针向后勾绘弧形线条。

9. 用拉花针在钳子的最上方向图案内侧勾绘出一个尖锐的线条。

10. 在中间位置，用拉花针勾出两个小的钩尖，来代表牙齿。

11. 取白色奶泡，在每层前推挤压的图案边缘勾绘L形，方向朝前，来代表天蝎的足。

12. 在天蝎的尾巴处，用拉花针勾绘出一个半圆弧形，来代表尾针。

扫描二维码观看天蝎座制作视频

天秤座

难度系数 ★★★

图案简介 用简单的组合图案加上线条的修饰，呈现出十二星座中的天秤座。

难度讲解 图案的制作顺序会影响图案的整体效果，先制作由小叶子组成的T形区域，然后通过两次转杯来注入前推图案，T形上方的前推图案一定要小巧。

制作步骤

2. 将杯子逆时针旋转60°左右，制作一片横向的树叶。

1. 在中间制作一片叶子，长度要短。

3. 将杯子顺时针旋转60°左右，在第一片叶子末端的位置制作两个前推图案，收尾时要穿过第2片树叶。

4. 将杯子顺时针旋转180°左右，在第一片叶子注入点的后方制作一个圆点。

5. 在上面第二层前推图案的边缘，勾绘一个J字形。

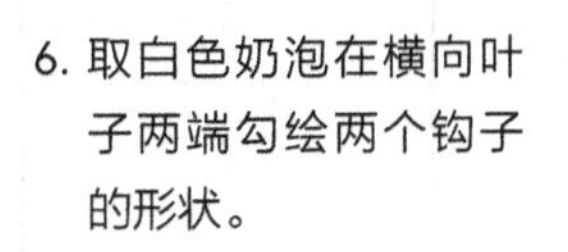

6. 取白色奶泡在横向叶子两端勾绘两个钩子的形状。

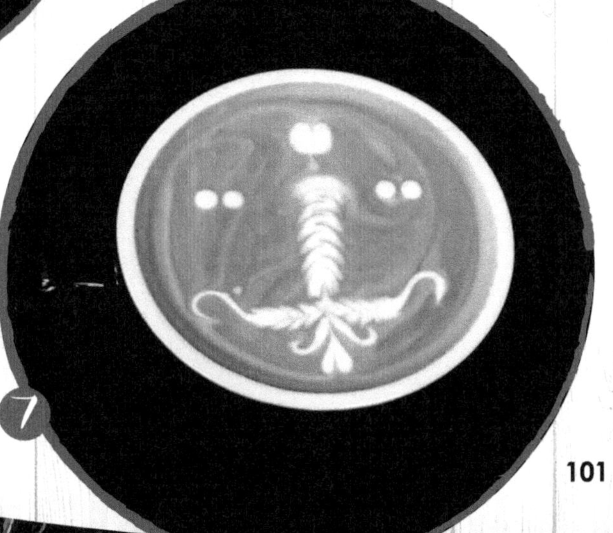

7. 取白色奶泡，在每个钩子形线条下方制作两个近距离、大小一样的圆点。

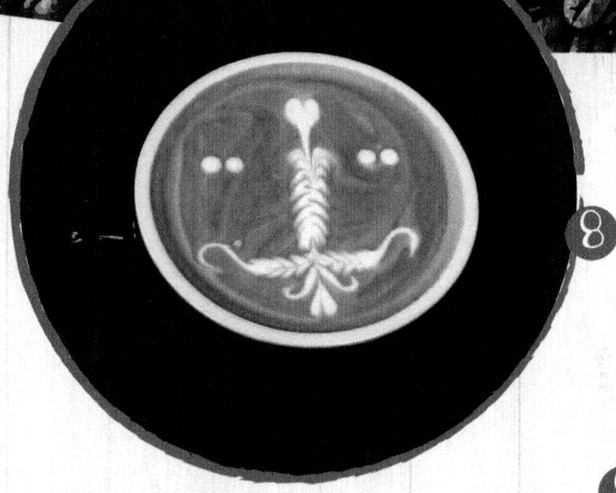

8. 在最下面的中心圆点，用拉花针在中心位置向上勾绘一条直线。

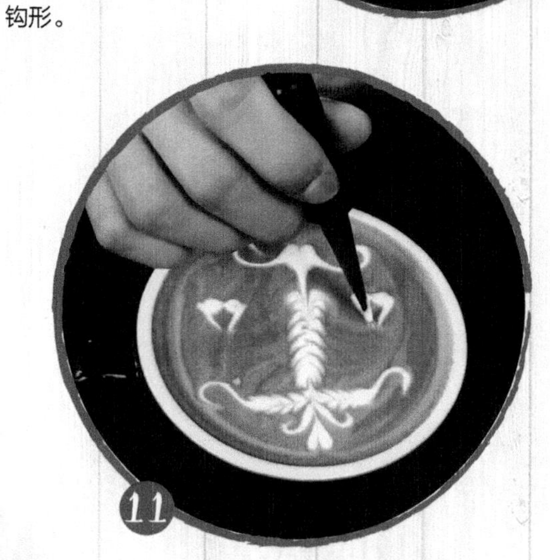

9. 再取白色奶泡，在最下方的圆点处制作一对向内侧弯的钩形。

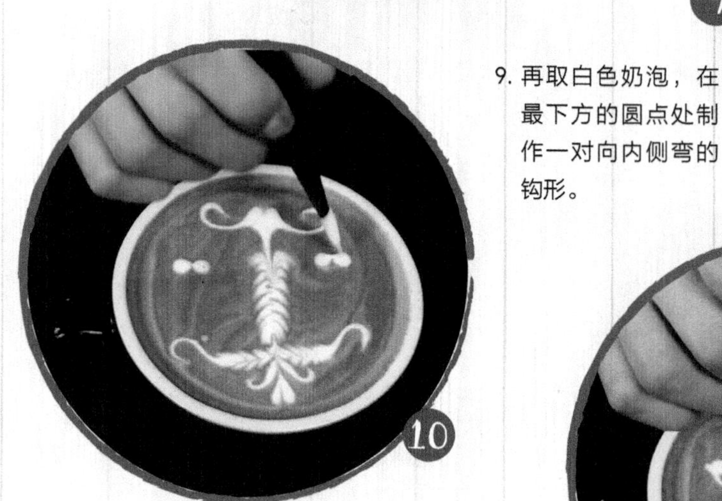

10. 取白色奶泡，在两个白点之间勾画一条横线，将两点连接。

11. 在两个白点外侧边缘勾绘一条向上的斜线，与白点组成三角形。

12. 取白色奶泡，在钩子形线条的最底处向下方制作一串小白点，来代表连接秤盘的连珠。

扫描二维码观看天秤座制作视频

圣诞树

难度系数 ★★★

图案简介 树叶加上绿色线条的勾绘，描述出圣诞节必不可少的圣诞树。

难度讲解 圣诞树要下宽上窄，制作时要注意摆动的宽度。三棵圣诞树的大小要略有不同。同时要注意三棵圣诞树的位置布局，使其形成有前后的视觉效果。

制作步骤

1. 在液面中间制作一片叶子，叶子的底部要宽于上部。

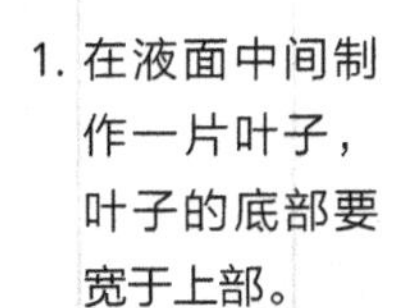

2. 在右侧也制作一片叶子。

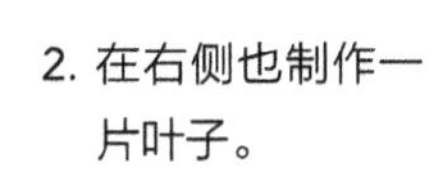

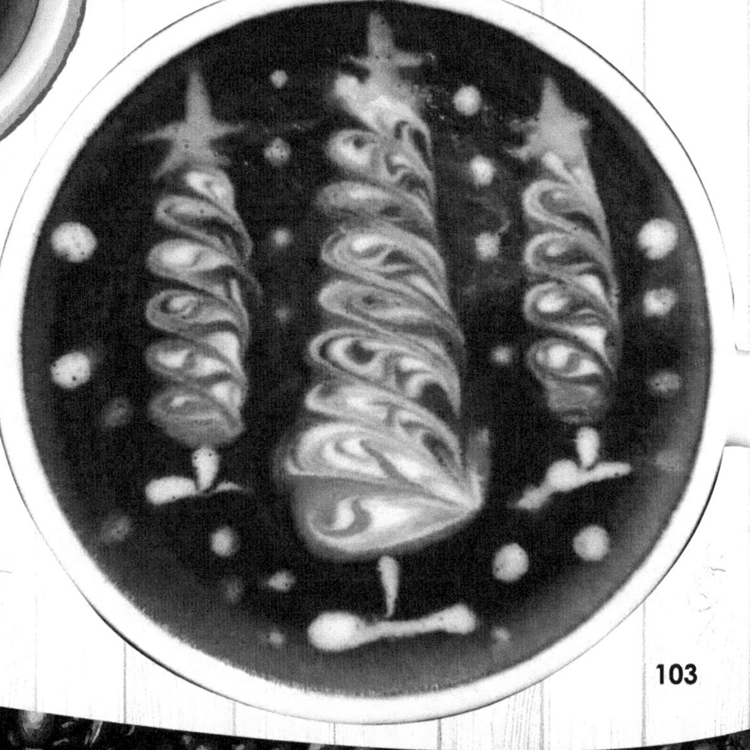

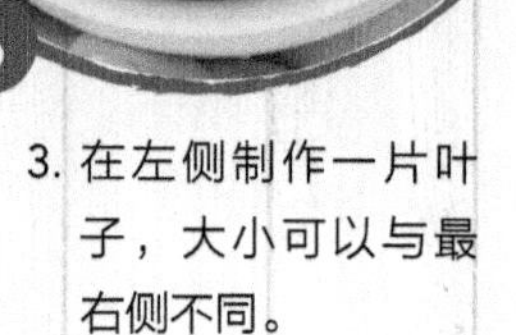

3. 在左侧制作一片叶子，大小可以与最右侧不同。

4. 用拉花针取绿色奶泡，在树叶的边缘勾绘出一个轮廓。

5. 用绿色奶泡在树叶中间勾绘出一条竖线。

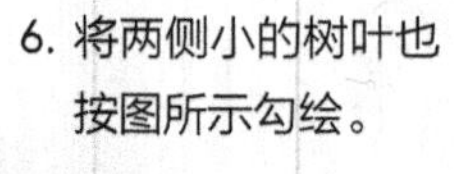

6. 将两侧小的树叶也按图所示勾绘。

7. 将杯子逆时针旋转90°左右，用拉花针从图案的右侧开始画螺纹线条。

8. 将杯子顺时针旋转90°左右，在图案下方画出横线。

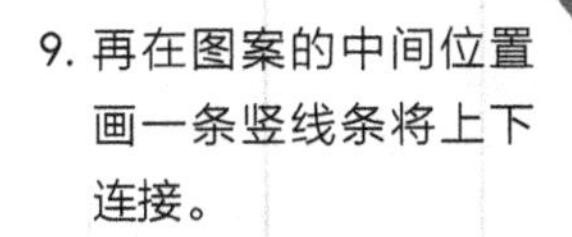

9. 再在图案的中间位置画一条竖线条将上下连接。

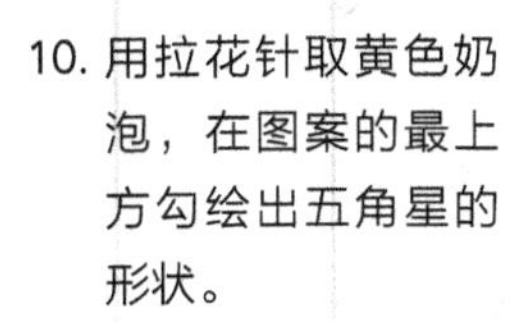

10. 用拉花针取黄色奶泡，在图案的最上方勾绘出五角星的形状。

11. 五角星从中心向外画，3棵圣诞树全部画出。

12. 用拉花针取白色奶泡在空白处画小白点来代表雪花。

扫描二维码观看圣诞树制作视频

孔雀开屏

难度系数 ★★★

图案简介 图案用简单的线条通过勾绘的方法进行修饰，用较少的线条来呈现正在开屏的孔雀。

难度讲解 孔雀翅膀的角度与对称性最为关键，两个翅膀中间的距离不要过窄。在制作尾巴的弧形线条时，要注意每个线条之间的距离不要过近，弧度要保持一致。在勾绘时要注意孔雀尾巴之间的宽度。

制作步骤

1. 使杯把朝向自己的左侧，在底部靠右侧制作一个翅膀。

2. 将杯子逆时针旋转90°左右，在靠近自己的一侧制作另一个翅膀。

3. 降低拉花缸至贴近液面；在杯子底部翅膀上方、杯子的边缘，用缸嘴注出一条弧线。

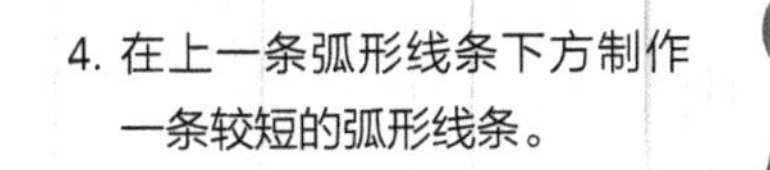

4. 在上一条弧形线条下方制作一条较短的弧形线条。

5. 再在上一条弧形线条下方制作一条更短的弧形线条。

6. 用拉花针取白色奶泡在杯子的中心位置制作一个小白点，来表示孔雀的头部。

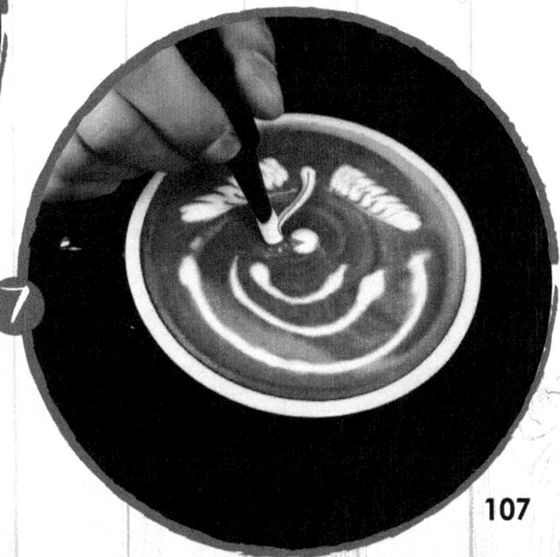

7. 取白色奶泡在两个翅膀中间画一条曲线，与头部相连接。

8. 取咖啡油脂在头部画出孔雀的眼睛。

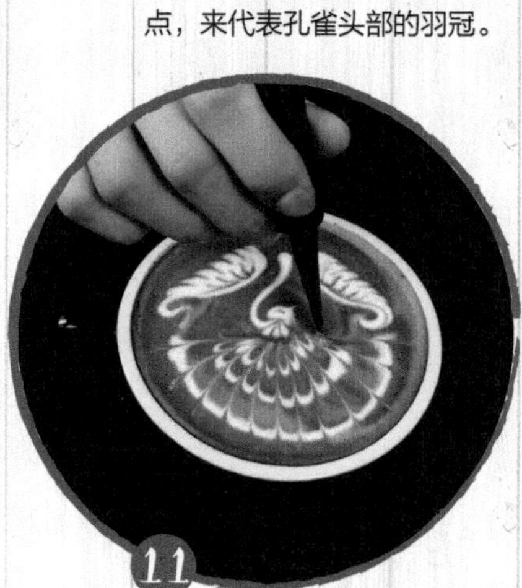

9. 取白色泡沫在头部上面画3个锥形点，来代表孔雀头部的羽冠。

10. 取白色奶泡在翅膀上方边缘画出图示线条来修饰翅膀。

11. 用拉花针在杯子的边缘，向内侧中心勾绘线条。

12. 在孔雀脖子下方画出两个小弧线条来修饰空白处。

扫描二维码观看
孔雀开屏制作视频

芭蕾舞者

难度系数 ★★★

图案简介 通过注入做出舞者的裙子和下方修饰的翅膀，再用勾绘的手法制作舞者的身体，展现出一名舞者正在翩翩起舞的状态。

难度讲解 在注入阶段要注意裙子的大小和图案挤压的力度。下方的两个翅膀空间要足够，以便制作出两只脚的宽度。勾绘时要注意手臂与身体的长度。

制作步骤

2. 将杯子顺时针旋转30°左右，在图案底部制作翅膀。

1. 因此图案注入部分较少，所以融合至八分满时，在杯子的中心开始制作一个简单的郁金香。

3. 在靠近内侧的一边进行图案的收尾。

4. 将杯子逆时针旋转90°左右，制作一个对称的翅膀。

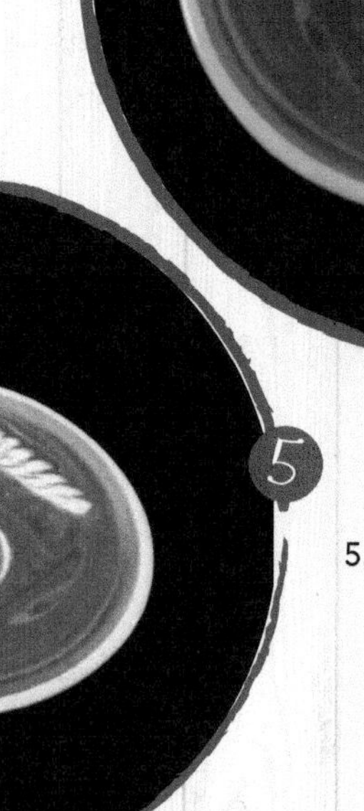

5. 用拉花针取白色奶泡在图案上方画出一条直线，线条要粗一点。

6. 在图案上侧两边点出两个小圆点来代表舞者的肩膀部分。

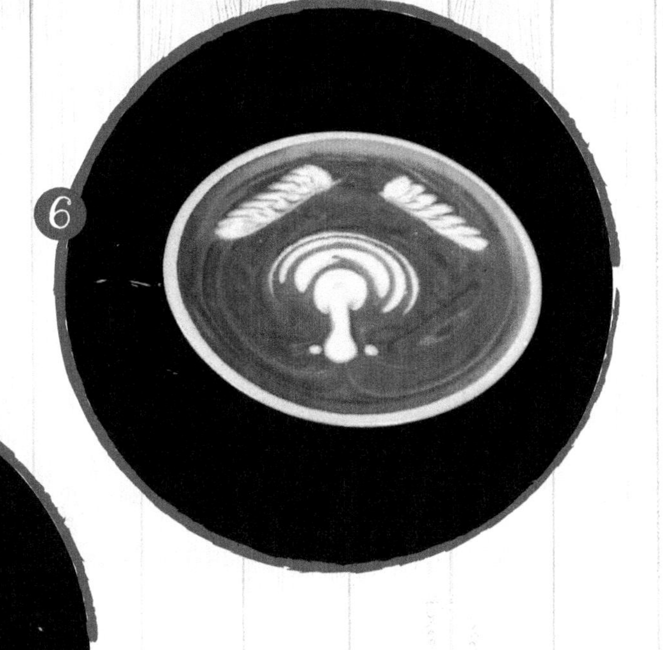

7. 接着画出舞者的手臂，注意不要画得过长。

8. 取白色奶泡，在两手臂之间点一个大点，再在大点的右上方点一个小点，来代表舞者的头部和头发。

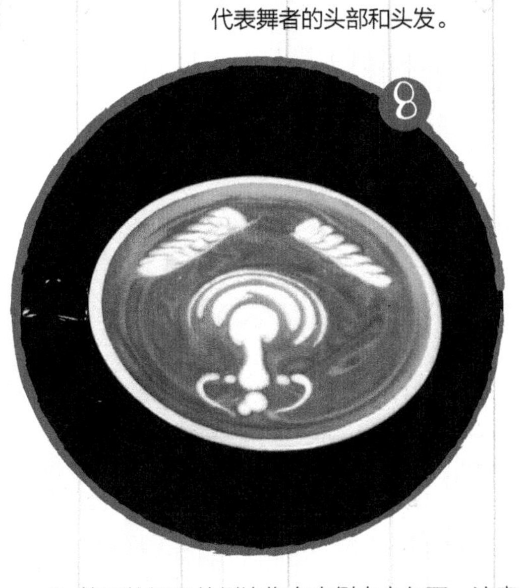

9. 然后从裙子外侧边缘向内侧中心勾画。注意，每次勾画都需对勾画针进行清洁。

10. 在裙子中间向下勾画出双腿。

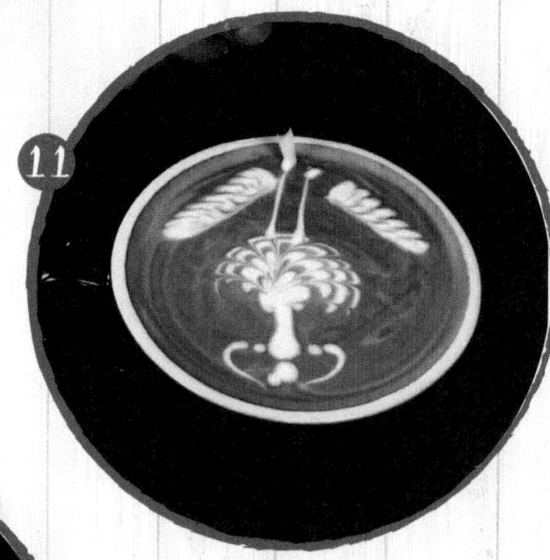

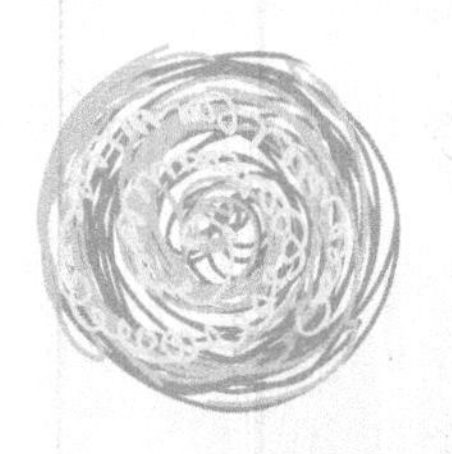

11. 取白色奶沫点出舞者的鞋子。

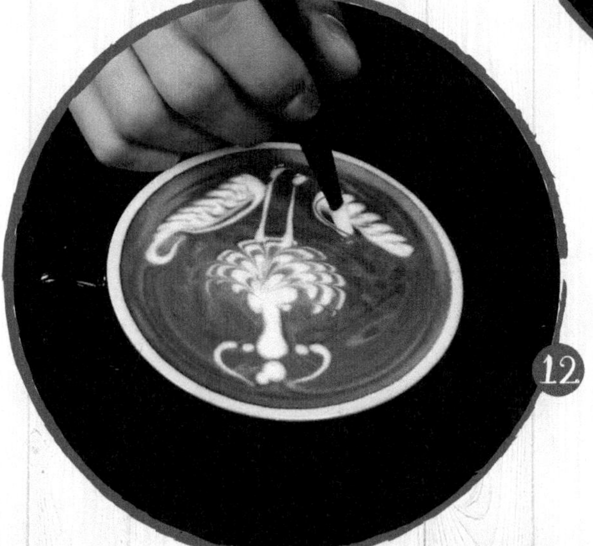

扫描二维码观看
芭蕾舞者制作视频

12. 取白色奶泡，在翅膀的内侧向上画出曲线，如图所示。